휠체어 위의 우주여행자
스티븐 호킹

THE LONELY GENIUS
EMBRACED the UNIVERSE

휠체어 위의 우주여행자

스티븐 호킹

S T E P H E N   H A W K I N G

크리스틴 라센 지음 · 윤혜영 옮김 · 박기훈 감수

이상

차례

"여보, 스티븐 호킹 박사가 이 영화에서 뭐하고 있는 거죠?"

나는 키보드 위로 바쁘게 움직이던 손을 멈추고 TV를 바라봤다. 당시에 나는 여러분이 지금쯤 졸린 눈으로 읽고 있을 이 책을 집필하고 있었다. 내가 평소에 아무 관심도 없었던 사이파이$^{Sci-Fi}$ 채널에서 영화 〈터미널 에러〉를 방영하고 있었다. 2002년에 팍스^{Pax} 네트워크에서 제작한 영화로 컴퓨터 바이러스로 인한 재난을 다뤘다. 내 아내의 눈길을 사로잡은 것은 한 조연이었다. 몸이 마비되어 전동휠체어에 의지하는 뛰어난 컴퓨터 과학자로, 휠체어에 설치된 키패드를 사용해 컴퓨터 목소리로 의사소통을 하는 인물이었다. 물론 그 배우는 몸이 건장하고 컴퓨터 장치는 실제보다 매우 작은데다 호킹 박사의 장치와는 반대로 빛의 속도로 작동했지만, 시청자들이 그 등장인물을 유명한 과학자와 연관 지을 것이라는 사실은 누가 봐도 분명했다.

일반상대성이론을 알아야만 이해할 수 있는 난해한 수학과 약어들, 그리고 도식이 난무하는 전문적인 논문을 쓰는 이론물리학자가 어떻게 영화의 등장인물이 될 정도로 우상이 되었을까? 누구나 읽기 어렵다고 말하는 그의 유명한 저서 《시간의 역사》는 어떻게 영국 최고 판매 기록을 갱신하고, 미국에서 베스트셀러 1위에 오를 수 있었을까? 그리고 그의 사생활이 하이에나 같은 언론의 먹잇감이 될 거라고 누가 상상이나 했겠는가? 내가 이 책을 통해 풀어보려는 것이 바로 스티븐 윌리엄 호킹 박사의 삶이 지닌 이러한 아이러니다.

　80년대 중반에 대학원에서 일반상대성이론을 연구하고 있을 당시, 나는 운 좋게도 호킹 박사가 강연하는 학회에 여러 번 참석할 수 있었다. 그때 이미 호킹 박사는 하나의 전설이었다. 당시 그는 몸의 모든 운동능력을 잃고 컴퓨터 목소리를 통해 자신의 전설을 새롭게 써나가고 있었다. 그가 어디에 나타나든, 마치 이륜 전차를 타고 등장하는 시저의 20세기 버전처럼 학생들과 학자들뿐만 아니라 일반 대중들의 주목을 받았다. 우리 대학원생들은 그가 지나길 때 날려드는 추종자까지는 아니었지만, 모두 그에 대한 존경심을 가지고 있었다. 특히 어느 학회 모임이 기억난다. 나를 포함한 대학원생 열댓 명이 한 전문분야의 강연을 듣기 위해 작은 방에 모여 있었다. 호킹 박사는 자신이 강연을 하는 것이 아닌데도 그 자리에 있었고, 우리는 그의 존재를 의식하지 않을 수 없었다. 갑자기 부드럽게 딸깍 하는 소리가 들려왔다. 나는 소리가 나는 쪽을 돌아보았다. 호킹 박사가 자신의 컴퓨터 위로 마우스처럼 생긴 조종기를 조작하고 있었다. 나는 그가 강연자의 결론을 미리 알아채고 질문을 하려는 것임을 알 수 있었다. 그러자 그 강연자가 불쌍하다는 생각이 들었다. 그리고 내가 그런 상황에 처할 일이 없기를 간절히 기도했다! 호킹 박사처럼 뛰어난 지성의 질문을 받는다는 것은 나 같은 어수룩한 대학원생에게 충분히 두려워할 만한 일이었다.

하지만 나는 운 좋게도 그의 재미있는 면을 직접 경험한 적이 있었다. 때는 1986년 12월, 추위가 매서웠던 시카고에서 상대론 천체물리학 심포지엄이 열렸다. 그때 나는 호킹 박사의 호텔방에서 열리는 사교 파티에 초대된 것이다. 나는 그것이 연회에서 술을 잔뜩 마신 누군가가 퍼트린 장난이라고 믿었지만, 어쨌든 친구들과 문제의 그 방으로 갔다. 그리고 방문이 열렸을 때, 호킹 박사의 간호사 중 한 명이 우리를 반기면서 컵이 모자라니 혹시 방에서 가져올 수 없냐고 물었다. 그때 우리는 놀라서 입을 다물 수가 없었다. 우리는 휘둥그레진 눈으로 입을 헤 벌린 채 방 한가운데 앉아 있는 호킹 박사를 확인하고는, 득달같이 우리 방으로 달려가서 컵을 그러모았다.

나는 우리 앞에 펼쳐진 모험에 대해 아무것도 모른 채 일찍 잠자리에 든 논문 지도교수 로날드 말레트의 방으로 미친 듯이 전화를 걸었다. 론이 전화를 받지 않아 나는 호킹 박사의 방으로 돌아온 다음에도 계속해서 전화를 걸었다. 마침내 그가 전화를 받자, 나는 최대한 침착해지려고 노력하면서 말했다.

"론 교수님, 250호로 빨리 내려오세요!"

"왜 그러는데, 크리스?"

"여긴 호킹 박사님 방이에요. 지금 파티를 열고 있어요!"

아인슈타인 박사에 따르면 우주에서 가장 빠른 속도로 움직이는 것은 빛이다. 하지만 론은 빛의 속도보다 더 빠르게 옷을 입고 파티장에 도착했다.

나는 호킹 박사와 직접 대화하는 기회를 가질 수 있었다. 대화의 주제도 물리학이나 삶의 의미에 관한 것이 아니라 가족에 관한 것이었다. 나는 그에게 할머니 이야기를 했다. 할머니는 나를 매우 자랑스럽게 여기시며, 할머니가 아는 과학자 중에서 생존해 있는 과학자는 호킹과 칼 세이건$^{Carl\ Sagan}$ 두 명뿐이라고 말했다. 스티븐은 루시를 포함한 자신의 자녀들에 대해 얘기했다. 루시가 역사를 전공하려고 한다는 것이었다. 그리고 예전에 자신의 아버지가 자신에게 그랬던 것처럼 그도 루시가 졸업을 한 후에 직장을 구하기 힘들까봐 걱정된다고 말했다. 그가 나에게 털어놓았던 아이들에 대한 고민은 너무도 평범한 것들이었다.

나와 일상적인 관심사에 대해 대화를 나누었던, 세상에서 가장 비범한 그 남자 역시 자녀를 둔 평범한 아버지라는 사실은 그동안 그의 전기에서 다루어지지 않았다. 그가 복잡한 물리학 분야에서 위대한 성과를 이룬 이론물리학의 대가라는 사실 때문에 나를 포함한 대부분의 대학원생들이 그를 영웅으로 떠받들고 있기는 하지만, 그도 결국은 우리 부모님이나 우리와 다를 바 없는 한 사람일 뿐인 것이다.

호킹 박사는 자신의 전기를 읽지 않는다고 말했다. 나는 그가 이 책만큼은 예외로 해줄 거라고 기대하지는 않는다. 하지만 만약 그가 이 책을 읽는다면, 있는 그대로의 한 인간으로서 자신의 모습을 발견하기를 바란다. 아마 독자들이 이 책에서 읽게 될 내용 중 마음에 들지 않는 부분도 있을 것이다. 하지만 이 책에 담긴 내용은 정직하다. 우리의 삶도 그렇지만 유명한 사람들의 삶도 완벽하지는 않다. 나는 그의 가족사와 그가 이론물리학에서 이룬 업적을 동등한 비중으로 다룰 것이다. 일반 독자들도 그의 연구를 이해할 수 있도록 쉽게 쓰고자 한다. 2002년 11월까지 발표된 호킹 박사의 저작물만 해도 논문, 에세이, 단행본을 통틀어 거의 2백 편에 달한다. 따라서 이 책에서 그의 모든 업적을 다루는 것은 불가능하다. 하지만 나는 이 책을 통해 독자들이 스티븐 호킹 박사가 블랙홀과 우주 연구에 미친 광대하고 깊은 영향에 존경심을 안게 되기를 바란다. 여기에 호킹이라는 한 인간에 대한 이해가 더해지면 우리는 호킹이 어떻게 영화 속의 등장인물이 될 수 있었는지 이해할 수 있을 것이다. 더 나아가 호킹이 영화(《시간의 역사》의 영화 버전) 그 자체가 될 수 있었던 특별함이 무엇인지도 이해할 수 있을 것이다.

나에게 조언을 아끼지 않았던 로날드 말레트와 엠마 케이, 일러스트를 그려 준 브리 알스버리, 인내를 가지고 응원해주었던 게리 키슬락, 자료조사에 도움을 준 엘리후 버릿 도서관 직원들, 특히 에밀리 체이스의 큰 도움에 감사의 말을 전한다. 그리고 이 책을 자신의 한계에 도전한 모든 사람들과 루게릭병을 앓고 있는 모든 사람들에게 바친다.

"나는 장애인 과학자가 아니라, 과학자이지만 우연히 장애를 지닌 사
람으로 여겨지길 바란다." ─스티븐 호킹

1942   1월 8일, 영국 옥스퍼드에서 프랭크 호킹과 이사벨 호킹의 장남 스티븐 윌리엄 호킹이 태어난다.

1943   스티븐의 여동생인 메리가 태어난다.

1947   스티븐의 여동생인 필리파가 태어난다.

1950   프랭크 호킹은 밀힐에 있는 국립의학연구소 기생충학과의 과장이 된다. 가족은 세인트 알반스로 이사를 간다. 프랭크가 아프리카에서 겨울을 보내는 동안 이사벨과 아이들은 마요르카에 사는 시인 로버트 그레이브스 가족과 함께 4개월을 보낸다.

1953   스티븐이 세인트 알반스 학교에 입학한다. 그는 이 시기에 친한 친구들과 가지고 놀 복잡한 보드게임 개발에 골몰한다. 아버지의 영향을 받아 과학 분야에 종사하기로 결심한다.

1955   스티븐은 알 수 없는 고열로 쓰러져 웨스트민스터 학교 장학금 시험을 놓친다. 그는 아버지에게 큰 실망을 안기며 세인트 알반스에 남게 된다.

1956   호킹 일가는 막내아들 에드워드를 입양한다.

1958   스티븐은 친구들과 간단한 컴퓨터 LUCE를 개발한다.

1959   스티븐은 가족이 인도로 떠나있는 동안 공부를 하기 위해 가족의 친구인 험프리 가족과 세인트 알반스에 남는다. 대학입학시험에서 좋은 성적을 거둬 가을학기에 옥스퍼드의 입학허가를 받는다. 그는 다른 학우들보다 몇 살이나 어렸기 때문에 소외감을 느낀다.

1960   옥스퍼드에서 지루한 첫 해를 보낸 후, 호킹은 키잡이로서 조정팀에 가입

한다. 공부는 하루에 한 시간 정도만 하고, 강으로 나가기 위해 연구실에서 보내는 시간도 줄인다.

1962 졸업반이 되자 증상이 나타나기 시작한다. 공부를 게을리했음에도 불구하고 졸업시험에서 1등급과 2등급의 경계에 있는 점수를 받는다. 면접에서 시험관들에게 좋은 인상을 남긴 덕분에 그는 1등급을 받아 케임브리지에 입학허가를 받는다. 그는 데니스 시아머 밑에서 우주론에 열중하며 석사과정을 시작한다.

1964 호킹은 케임브리지의 유명한 우주론자인 프레드 호일과 그의 학생인 자이안트 날리카가 발표한 중력에 대한 새로운 이론을 담은 논문을 읽게 된다. 호일은 6월 영국학회 모임에서 연구결과를 발표한다. 이때 호킹은 공개적으로 이들의 이론에 도전한다. 10월에 스티븐은 제인과 약혼한다.

1965 로저 펜로즈가 블랙홀 특이점 정리를 내놓았다는 소식을 동료인 브랜든 카터가 호킹에게 전한다. 호킹은 같은 이론을 빅뱅 특이점에도 적용할 수 있다는 사실을 깨닫고 자신의 논문을 완성하려 한다. 스티븐은 7월 14일에 제인과 결혼한다. 10월에는 케임브리지의 곤빌 앤 키즈 칼리지에서 연구원 생활을 시작한다. 그의 첫 번째 뛰어난 논문인 〈호일-날리카의 중력이론에 관해On the Hoyle-Nalikar Theory of Gravitation〉를 영국왕립학회보를 통해 발표한다.

1966 호킹은 〈특이점과 시공간의 기하학Singularity and the Geometry of Space-Time〉이라는 논문을 집필해 펜로즈와 함께 애덤스상(賞)을 수상한다. 3월에 공식적으로 대학을 졸업한다. 제인은 웨스트필드 칼리지에서 학업을 마치고 박사과정을 시작한다.

1967 5월 28일 아들 로버트 호킹이 태어난다. 스티븐의 연구원 기간이 2년 더 연장된다. 그 기간 동안 로저 펜로즈와 공동으로 특이점 정리 연구를 확대해나간다.

1968 스티븐과 펜로즈의 공동 논문이 중력연구재단상(賞) 중 2등상을 수상한다.

1969 이전의 연구원 기간이 끝나고 스티븐은 특별 연구원 자리를 얻게 된다. 딸 루시 호킹이 11월 2일 태어난다. 스티븐의 상태가 악화되어 영구적으로 휠체어 신세를 져야 하는 상황이 된다.

1970   블랙홀이라는 연구 주제에 초점을 맞춘 후 호킹은 원시 블랙홀의 존재를
        제안한다. 블랙홀 유일성 정리의 증거를 확보한다. 호킹은 블랙홀 지평선
        에 대한 새로운 정의를 내리고 그것을 사용해 블랙홀 표면이 결코 감소하
        지 않는다는 것을 증명한다.

1971   에세이 〈블랙홀Black holes〉로 중력연구재단상을 수상한다.

1972   호킹은 레우쉬 여름학교에 참석하여 제임스 바딘과 브랜든 카터와 협력
        해 블랙홀 역학에 관한 독창적인 논문을 집필한다.

1973   조지 엘리스와 함께 첫 번째 책《시공의 큰 구조The Large Scale Structure of
        Space-Time》를 집필한다. 그의 연구는 일반상대성이론과 양자역학의 통
        합(양자중력)으로 옮겨간다. 크리스마스 즈음에 블랙홀이 복사할 수 있다
        는 놀라운 발견을 한다.

1974   2월에 '호킹 복사'가 공식적으로 발표되는데, 이 이론은 몇몇 회의론에
        부딪힌다. 〈블랙홀 폭발?Black Hole Explosion?〉이라는 논문이 〈네이처
        Nature〉에 게재된다. 5월 2일 영예로운 왕립학회의 회원이 된다. 스티븐이
        캘리포니아 공과대학에 교환교수 자리를 맡게 되면서 호킹 가족은 캘리
        포니아 파사데나에서 생활하게 된다. 파인만의 경로적분(path integral : 양
        자론에서 최소작용의 원리를 일반화하여 미시세계의 현상을 기술하는 방법)을 응
        용하여 양자중력에 적용하는 연구를 한다. 12월에 백조자리 X-1이 블랙
        홀인지 아닌지에 관해 킵 손과 전설적인 내기를 한다.

1975   1월에 호킹은 로저 펜로즈와 함께 왕립천문학회에서 에딩턴 메달을 받았
        다. 그리고 호킹은 로마를 방문해 교황 바오로 6세로부터 과학부분에 대한
        피우스 11세 골드 메달을 받는다. 논란의 중심이 되었던 블랙홀 정보 패러
        독스가 공식화된다. 호킹이 캘리포니아에 남을 계획이라는 소문이 돌자,
        곤빌 앤 카이우스 칼리지가 호킹에게 첫 번째 공식적인 지위인 강사직을
        제안한다.

1976   스티븐은 왕립학회에서 휴즈 메달을 받고, 미국물리학회로부터 데니 하
        인만 수리물리학상(賞)을 받는다. 제자인 게리 기본스와 함께 드 지터 시
        공간의 열역학적 특성에 대한 중요한 논문을 집필한다.

1977   10월에 호킹은 마침내 중력물리학 분야의 특별 주임으로 승진하면서 교

수 지위에 오른다. 제인은 최근에 아내를 잃은 조나단 헬러가 지휘하는 세인트 마크 교회의 합창단에 합류한다. 조나단은 호킹 가족의 친한 친구가 되어 스티븐과 아이들 돌보는 일을 돕는다.

1978   호킹은 루이스 앤 로사 스트라우스 기념기금이 수여하는 알베르트 아인슈타인상(賞)을 수상하고, 옥스퍼드의 명예학위를 받는다.

1979   부활절에 막내아들 티모시 호킹이 태어난다. 11월에 스티븐은 아이작 뉴턴이 한 때 주인이었던 루카시안 석좌교수에 추대된다.

1980   심한 감기를 앓으면서 개인 간호사의 도움을 받기 시작한다. 4월 29일에 스티븐은 공식적으로 루카시안 석좌교수로 임명되고 '이론물리학은 그 끝에 임박했는가?' 라는 제목에 논란이 있었던 취임연설을 한다.

1981   4월에 제인은 박사학위를 취득한다. 9월 교황청 학회에서 스티븐은 무경계 제안에 대한 연구를 최초로 발표한다. 그는 인플레이션 우주에 대한 연구를 시작하고 여러 편의 영향력 있는 논문을 쓴다.

1982   스티븐은 2월 23일에 대영제국 기사 작위를 받는다. 하버드 강연에서 영감을 얻어 우주론에 관한 대중적인 책의 집필에 관심을 갖게 된다. 게리 기본스와 호킹은 6월 21일부터 7월 9일까지 진행된 태초의 우주의 관한 너필드 워크숍을 주최한다. 늦여름에 호킹은 이론물리학 연구소(산타바바라 캘리포니아 대학)의 짐 하틀과 함께 무경계 제안에 대해 연구한다. 그 결과 논란을 불러온 영향력 있는 논문 〈우주의 파동함수 Wave Function of the Universe〉가 탄생한다.

1984   《시간의 역사》 초고가 완성된다.

1985   이 시기에 제인은 스티븐에게 조나단을 이성으로 좋아하게 되었다고 고백한다. 스티븐은 왕립천문학회에서 골드 메달을 받는다. 논문 〈우주론에서의 시간의 화살 The Arrow of Time in Cosmology〉을 〈피지컬 리뷰 *Physical Review*〉지에 제출한다. 그러나 '수축하는 우주에서 엔트로피는 감소한다' 는 결론은 논란의 여지가 있었고, 논문 출간 전 돈 페이지와 레이몬드 라플레임은 이에 관하여 호킹의 실수를 입증했다. 밴텀 출판사가 《시간의 역사》 초고를 받아들이고 원고의 수정을 제안한다. 그 해 여름 스위스를 방문하는 동안 감기가 폐렴으로 악화된다. 스티븐은 약물로 유도된 혼

수상태에 빠지고, 제인은 의사들로부터 인공호흡장치를 제거할 것이냐는 질문을 받는다. 하지만 스티븐은 의식을 회복하고 케임브리지로 돌아가 건강을 회복한다. 그는 기관 절개 수술을 받고 말하는 능력을 영원히 잃게 된다. 스티븐은 11월에 퇴원해 24시간 간호사의 도움을 받는다. 월트 볼토츠가 기증한 컴퓨터 프로그램과 데이비드 메이슨이 휠체어에 설치해 준 컴퓨터 덕분에 의사소통이 가능해진다.

1986 아버지 프랭크 호킹이 지병으로 사망한다. 스티븐은 다시 여행을 시작한다. 그는 10월에 교황청 과학원 회원으로 임명되어 로마를 방문한다. 가족은 교황의 축복을 받는다. 12월 시카고 강연에서 그는 공식적으로 엔트로피와 시간의 화살에 대한 자신의 실수를 인정한다.

1987 봄에 《시간의 역사》 두 번째 초고가 완성된다. 스티븐은 물리학 연구소에서 폴 디랙 메달을 받는다. 그는 웜홀과 아기 우주로 연구 방향을 전환한다.

1988 호킹과 로저 펜로즈는 울프 물리학상(賞)을 수상한다. 4월에 《시간의 역사》가 출간되고 엄청난 성공을 거둔다. 호킹 가족에 언론의 관심이 집중된다.

1989 시카고에서 바를 운영하는 스티븐의 팬이 수천 장의 스티븐 호킹 팬클럽 티셔츠를 공짜로 배포한다. 에든버러 공작이 스티븐에게 케임브리지 대학의 과학부분 명예학위를 수여한다. 엘리자베스 여왕은 그에게 명예훈작 메달을 수여한다. 10월에 로버트는 옥스퍼드를 졸업하고 글래스고에서 대학원 과정을 시작한다. 루시는 옥스퍼드에 입학하고, 스티븐은 자신의 간호사인 일레인 메이슨을 위해 제인을 떠나겠다는 의사를 밝힌다.

1990 2월에 제인과 스티븐은 별거를 한다. 이 사실은 여름까지 비밀로 지켜졌으나 그 이후 언론은 제인을 쫓아 다닌다. 호킹은 백조자리 X-1을 놓고 킵 손과 내기를 한다.

1991 3월 5일에 호킹은 차 사고를 당해 팔이 부러진다. 웜홀이 시간여행에 사용될 수 있을지도 모른다는 킵 손의 제안에 반대하며 ‘연대기보호가설’을 개발한다. 9월 24일에 우주검열추측과 노출 특이점을 놓고 존 프레스킬, 킵 손과 또 다른 내기를 한다.

1992 8월 14일에 영화 〈시간의 역사〉가 할리우드에서 개봉한다.

1993 〈시간의 역사〉의 가정용 비디오 출시 기념 파티에서, 〈스타트렉〉의 호킹

역 배우 레오나드 니모이를 만난다. 니모이는 호킹이 〈스타트렉 : 다음 세대〉에 카메오로 출연할 수 있도록 주선해준다. 호킹은 〈스타트렉〉에서 자신의 홀로그램을 연기한다. 스티븐은 핑크 플로이드의 곡 'Keep Talking'을 위해 목소리를 녹음한다. 《블랙홀과 아기 우주》가 출간된다.

1994   호킹과 펜로즈는 케임브리지 대학의 아이작 뉴턴 연구소에서 토론회를 개최한다.

1995   제인과 스티븐은 봄에 공식적으로 이혼한다. 7월 8일에 스티븐은 일레인과의 약혼 사실을 발표한다. 그들은 9월 16일에 결혼한다. 제인은 자서전 집필을 시작한다.

1996   호킹과 펜로즈의 토론회 내용이 책으로 출간된다. 《그림으로 보는 시간의 역사 *The Illustrated a Brief History of Time*》가 11월에 출간된다.

1997   1월에 호킹은 COSMOS 슈퍼컴퓨터 컨소시엄을 결성한다. 프레스킬, 손과의 우주검열에 대한 내기가 2월 5일에 종결된다. 같은 날 더 많은 조건을 단 내기가 이루어진다. 호킹과 손은 블랙홀 정보 패러독스에 관한 해결책은 양자중력으로부터는 얻을 수 없다고 주장하며 프레스킬과 내기를 한다. 미국에 살던 루시는 3월에 임신 소식을 전하며 남자친구인 알렉스 매켄지 스미스와 함께 영국으로 돌아온다. 제인과 조나단은 7월 4일에 결혼한다. 가을에 루시의 아들 윌리엄이 태어난다. 호킹의 옥스퍼드 조정팀 친구인 데이비드 필킨이 다큐멘터리 〈스티븐 호킹의 우주 Stephen Hawking's Universe〉 시리즈를 제작한다.

1998   이 시기에 루시와 알렉스가 결혼한다. 스티븐과 닐 투록은 논란의 중심에 서게 되는 논문 〈열린 인플레이션 Open Inflation〉을 발표한다. 이 논문으로 친구 안드레이 린데와 논쟁이 벌어지고 이는 언론의 관심을 받는다. 호킹은 3월 6일에 백악관에서 밀레니엄 강연을 한다. 그는 20세기 영국을 반영하는 사진을 선정할 영향력 있는 영국인 10인 중 한 명으로 선정된다. 《시간의 역사》 10주년 기념판이 출간된다. 호킹의 연구는 다양한 블랙홀과 우주모형에 대한 AdS/CFT 가설과 브레인이론의 적용으로 옮겨간다.

1999   스티븐은 〈심슨〉 출연을 위해 목소리를 녹음한다. 그는 음식물이 폐로 들어가는 것을 막기 위해 후두 수술을 한다. 그리고 11명의 국제적인 고위

인사들과 함께 '장애에 관한 새천년 헌장'에 서명한다. 그는 런던수학협회의 나일러상(賞)과, 미국물리학협회의 줄리어스 에드거 릴리엔펠트상(賞)을 받는다. 제인의 자서전 《스티븐 호킹, 천재와 보낸 25년》이 8월에 출간된다. 그들의 결혼생활이 구체적으로 드러나자 언론은 열광한다. 스티븐은 〈래리 킹 라이브Larry King Live〉에 출연하면서 그 해를 마무리 한다.

2000   8월에 연극 〈신과 스티븐 호킹God and Stephen Hawking〉이 상연되어 다양한 평가를 받는다. 호킹은 이 연극에 대해 날카롭게 비난한다. 그는 민주당 전당대회에 대통령 후보인 앨 고어를 위해 존경이 담긴 영상을 보낸다. 이 시기에 남편과 이혼한 루시는 자신의 아들 윌리엄이 자폐라는 것을 알게 된다.

2001   스페인과 인도에서 열린 호킹의 대중강연에 많은 관중이 모여든다. 호킹은 케임브리지의 자선 강연을 통해 그 지역 학교를 위한 모금운동을 펼친다. 티모시는 엑서터 대학의 학생이 된다. 과학과 사회 분야 쟁점에 대한 호킹의 공개적인 발언은 큰 비난을 불러온다. 10월에 대중의 환호를 받으며 《호두 껍질 속의 우주》가 출간되어 성공을 거둔다. 12월 말에 호킹은 휠체어 조작 실수로 벽을 들이받아 엉덩이뼈가 부러진다.

2002   스티븐의 60세 생일을 축하하기 위해 1월 7일부터 11일까지 케임브리지에서 기념 학회가 열린다. 스티븐은 뉴밀레니엄 프레스가 《청소년을 위한 시간의 역사》를 출간하는 것을 막기 위해 미국연방무역위원회에 고소장을 제출하나 성공하지 못한다. 6월에 그는 《호두 껍질 속의 우주》로 대중적인 과학저술에 기여한 공로를 인정받아 아벤티스 과학서적상(賞)을 수상한다.

2003   스티븐은 코미디언 짐 캐리와 함께 〈코난 오브라이언 토크쇼Late Night with Conan O'Brien〉에서 촌극을 만들어낸다. 그는 케이스 웨스턴 대학에서 마이클슨-모리상(賞)을 수상한다. 12월에는 폐렴으로 에든브룩 병원에 입원한다.

2004   2월에 호킹은 질식 발작으로 다시 병원에 입원한다. 여행 일정이 모두 취소된다. 4월에 루시의 소설 《Jaded》가 출간된다. 언론은 소설보다 그녀의 아버지에 더 많은 관심을 갖는다. 4월에 BBC 드라마 〈호킹〉이 방영되어

높은 시청률을 기록한다. 7월 21일에 호킹은 더블린의 GR17에서 블랙홀 정보 패러독스의 해법에 관해 발표한다. 그는 프레스킬과의 내기에 패배한 것을 인정하지만, 손은 아직 패배를 인정하지 않는다. 호킹의 발표에 대한 상반된 반응들이 존재하는 가운데 동료들은 앞으로 출간될 논문을 기다려보기로 한다. 11월에 호킹이 미국의 이라크 침공을 '전쟁범죄'라고 비난한 것이 화제가 된다. 11월에 영국 코미디 어워즈에 시상자로 참석해 〈심슨〉의 제작자 매트 그로에닝에게 상을 수여한다.

2005 호킹은 2월 14일에 스미스소니언 협회에서 제임스 스미스슨 50주년 메달을 받는다. 4월에는 그가 이제 얼굴 근육을 감지하는 장치로 컴퓨터를 조종한다는 사실이 알려진다. 다음 달 그는 다시 한 번 〈심슨〉에 카메오로 참여한다. 9월에 믈로디노프와 공동집필한 《짧고 쉽게 쓴 시간의 역사》가 출간된다. 같은 달 블랙홀 정보 패러독스의 해법에 관한 다큐멘터리가 BBC에서 방영된다. 10월에는 그 해법에 대한 짧은 동료평가 논문이 출간된다. 동료들은 이 논문에 대해 여전히 침묵으로 일관한다. 《신이 만든 정수God Created The Integers》가 같은 달 출간된다. 11월에 호킹의 심장이 멈추는 사건으로 인해 2주간의 캘리포니아와 워싱턴 순회강연이 일시적으로 중단된다.

2006 2월 3일에 스티븐은 옥스퍼드에서 세 번째 데니스 시아머 기념 강연을 주회한다. 6월에 호킹은 루시와 함께 쓴 아이들을 위한 책 《조지의 우주를 여는 비밀 열쇠》가 2007년 말에 출간될 것이라고 발표한다. 10월에 자신과 믈로디노프의 두 번째 책인 《위대한 디자인The Grand Design》이 2008년 말에 출간될 것이라고 발표한다. 10월에 일레인과 스티븐은 이혼 신청을 한다. 11월에 호킹은 왕립학회에서 영광스러운 코플리 메달을 받는다. 같은 달 그는 BBC 라디오 인터뷰에서, 다음 목표는 우주로 나가는 것이라고 말한다. 곧 이어 리처드 브랜슨은 자신의 버진 갤럭틱사(社)가 몇 년 안에 그의 꿈을 실현시켜 줄 것이라고 발표한다.

2007 1월에 왕립학회가 주최한 '세계 종말의 날 시계'를 12시에 2분 더 가깝게 맞추는 행사에 기조연설자로 참석한다. 같은 달 미국 사이언스 채널에서 다큐멘터리 〈호킹〉이 방영된다.

나는 1942년 1월 8일, 갈릴레이가 세상을 떠난 지 꼭 3백 년 만에 태어났습니다.
하지만 이날 전 세계에서는 약 20만 명의 다른 아이들도 태어났겠지요.
그중에서 훗날 우주에 관심을 갖게 된 건 과연 몇이나 될까요?

— 스티븐 호킹

운명의 아이가 태어나다

만삭의 이사벨 호킹은 옥스퍼드의 익숙한 거리를 걷고 있었다. 1월 초의 차가운 공기가 외투처럼 그녀를 휘감았다. 며칠 전에 그녀는 자신이 대학시절을 보낸 도시로 돌아왔다. 제2차 세계대전이 한창이던 그 무렵, 그녀와 남편 프랭크가 살던 런던 근교의 하이게이트는 폭탄 투하의 위험이 높았다. 그래서 첫 아이의 출산을 위해 좀 더 안전한 곳으로 도망을 온 것이다. 옥스퍼드와 케임브리지가 독일군의 기습폭격에서 제외된 이유에 대해서는 소문이 무성했다. 히틀러가 유서 깊은 대학의 도시들을 제국의 중심으로 삼기 위해 남겨 놓은 것일까? 아니면 처칠이 자국의 대학들이 공격받는 것을 막기 위해 어떤 거래를 한 것일까? 물론 나중에 밝혀진 바에 따르면, 영국군이 하이델베르그와 괴팅겐을 폭격하지 않겠다는 데 대한 교환조건이었다. 이유야 어찌되었든 옥스퍼드는 이제 그녀의 은신처가 되었다. 출산일에 거의 임박하여 옥스퍼드로 온 그녀는 호텔에서 아이를 출산하게 될지도 모른다는 두려움에 서둘러 병원에 입원했다.

길을 걷던 그녀는 병원 앞 블랙웰 서점 앞에서 멈춰 섰다. 아직 시간도 좀 있고 지갑에는 도서교환권도 있었기 때문에 서점으로 들어갔다. 그녀가 서점에서 나올 때는 팔 아래에 별자리 책을 끼고 있었다. 그때 그녀는 이 책을 산 것이 얼마나 의미심장한 일인지 전혀 알지 못했다. 그녀의 아들 스티븐 호킹은 1942년 1월 8일에 태어났다. 갈릴레이가 세상을 떠난 지 정확히 3백 년이 된 날이었다. 갈릴레이가 우주와 우주의 원리에 대한 우리의 이해를 완전히 바꾸어 놓은 것처럼, 스티븐 호킹 역시 같은 운명을 갖고 태어난 것이다.

의사 아버지를 둔 이사벨 호킹은 스코틀랜드 글래스고의 중산층 가정에서 일곱 남매 중 둘째로 태어났다. 당시에 이사벨의 가족은 그녀를 옥스퍼드에 보내기 위해 경제적 부담을 감수해야 했다. 1930년대에 여성들은 보통 대학에 가지 않았고, 옥스퍼드가 여성의 입학을 허가한 것도 10여 년밖에 되지 않았던 것을 생각하면 가족들의 이러한 노력은 더욱 놀라운 것이었다. 이사벨은 옥스퍼드에서 경제학과 철학, 그리고 정치학을 공부했다. 졸업 후 그녀는 세무서를 포함하여 좀처럼 만족스럽지 못한 여러 직장을 이리저리 옮겨다녔다. 결국 그녀는 의학 연구소에서 비서로 일하게 되었는데 이 역시 그녀의 교육수준에 훨씬 못 미치는 자리였다.

한편, 요크셔에서 농장을 운영했던 프랭크 호킹의 가족은 한 때 매우 부유했지만, 이 가족의 운은 1900년대 초반에 다하고 말았다. 프랭크의 할아버지가 너무 많은 농장을 구입하는 바람에 결국 파산하고

만 것이다. 하지만 프랭크의 생활력 강한 할머니가 그들의 집에서 학교를 연 덕분에 완전한 파산은 면할 수 있었다. 프랭크의 부모 역시 경제적으로 어려웠지만, 프랭크를 옥스퍼드 대학에 보낼 학비만큼은 겨우 구할 수 있었다. 프랭크는 옥스퍼드에서 의학을 공부했고 열대병을 전공했다. 1939년 제2차 세계대전이 일어났을 때, 동아프리카에서 연구를 하고 있던 프랭크는 군대에 자원하기로 결심하고 힘든 여정을 거쳐 고향인 영국으로 돌아갔다. 하지만 그가 군인보다는 연구원으로서 더 가치 있다는 이유로 군 입대는 거부되었다. 결국 그는 햄스테드에 있는 의학 연구소에 들어가게 되었다. 이곳에서 이 수줍음 많은 연구원은 한 비서와 사랑에 빠졌다. 바로 옥스퍼드 동문인 이사벨이었다.

호킹 가족은 전쟁 동안 자리를 잡아갔다. 그들의 장남이 태어난 후로 각각 17개월과 5년 후에 여동생 메리와 필리파가 태어난 것이다. 스티븐과 메리는 서로 나이 차이가 많지 않은 덕분에 자연스럽게 라이벌이 되었다. 둘 사이의 경쟁은 성인이 되어 각자의 경력을 쌓고 난 후에야 누그러들었다. 스티븐은 이론물리학자가 되었고 메리는 효녀답게 아버지의 뒤를 이어 의사가 된 것이다. 스티븐은 작은 여동생 필리파에 대해서는, 매우 열정적이고 통찰력 있는 아이여서 자신은 그녀의 의견을 존중한다고 말했다.

어렸을 때 스티븐은 스포츠나 글씨쓰기에 재능이 없는 작고 서투른 아이었다. 스티븐이 속한 반은 우수 학급이었지만 그의 성적은 중간을 넘은 적이 없었다. 그는 여덟 살이 되기까지 읽는 법조차 제대로 배우지 못했다. 스티븐은 자신이 어린 시절 받았던 교육에 대해 불평했다. 그가 다녔던 바이런 가족학교는 일반적인 학습법과 암기법 대신에 좀 더 진보적인 방법을 사용했던 것이다. 스티븐이 자신의 부모에게 불평했듯이 이 방법은 그에게는 맞지 않았다. 그의 어머니 이사벨 호킹은 스티븐에 대해 이렇게 말했다.

"그 아이는 언제나 이야기하기를 좋아했어요. 수학적인 재능보다는 상상력이 뛰어났고 음악과 연극을 좋아했지요. 그 아이는 벤자민 브리튼의 〈오페라를 만들자〉의 초연에 갔던 일을 몇십 년이 지난 후에도 매우 선명하게 기억할 정도였어요."

호기심 많은 아이와 별난 가족

스티븐의 아버지 프랭크 호킹은 열대병 조사를 위해 매년 겨울마다 아프리카에 갔다. 스티븐의 여동생 메리는 '아버지들이란 모두 철새와 같다' 고 입버릇처럼 말하곤 했다. 크리스마스가 지나면 떠났다가 날씨가 따뜻해지면 다시 돌아왔기 때문이다. 1950년에 프랭크 호킹은 영국 북부 밀힐에 새롭게 조직된 국립의학연구소로 직장을 옮기면서 그곳 기생충학과의 과장이 되었다. 호킹 가족은 교회와 로마 유적으로 유명한 역사적인 도시인 세인트 알반스로 이사를 가게 되었다. 그들은 전후의 절약정신에 걸맞은 3층짜리 벽돌집을 구입했다. 요즘 같으면 수리해서 되팔 요량으로 구입할만한 낡은 집이었다. 호킹 부부는 한 번도 집수리를 한 적이 없는데, 이것이 아이들에게는 상당히 창피스러운 일이었다. 현관문의 깨진 유리, 낡은 벽지, 제대로 작동하지 않는 라디에이터, 어둡고 음산한 분위기마저 풍기는 큰 집은 마치 공포영화에 나올 법한 풍경이었다. 집은 난방이 잘 되지 않았지만 프랭크는 가족과 손님들에게 옷을 여러 겹 겹쳐 입으면 괜찮다고 설득했다. 벽지가 벗겨지고, 이따금 창유리가 떨어져 나가기도 했지만 한 번도 수리하거나 교체하지 않았다. 하지만 이 집에도 한 가지 부족하지 않은 것이 있었는데, 바로 책이었다. 거의 모든 선반마다 이중으로 쌓여있는 책들은 호킹 가족의 집에서 가장 눈에 띄는 물건이었다. 이 집을 방문했던 손님들은 하나같이 이들이 저녁식사 중에도 항상 책에 코를 파묻고 있었다고 말한다. 이러한 모습이 무례하지는 않을지라도 아이들의 친구들에게는 무척 신기하게 여겨졌다.

'별난 사람들'이라는 말이 별명처럼 호킹 가족을 따라다녔지만, 정작 본인들은 신경 쓰지 않았다. 호킹 가족이 타던 차 역시도 평범하지 않았다. 당시만 해도 자동차가 대중화되지 않았기 때문에 이들은 중고로 구입한 런던 택시를 몰고 다녔다. 차 내부에는 탁자를 놓아 두 사람이 마주보고 앉아 카드놀이를 할 수 있게 만들었다. 그리고 무엇보다 그 중고 택시에는 지붕이 없어서 시속 40마일 정도로 달릴 때면 온통 바람에 노출되어야만 했다.

또한 호킹 가족은 이동식 주택이나 군대용 천막을 가지고 야외생활을 즐겨 했으며 지하실에서는 꿀벌을 키웠다. 집에는 온실도 하나 있었는데 스티븐과 친구들은 그곳에서 폭죽을 만들어 불꽃놀이를 하기도 했다. 그들은 만우절에 매우 엄격한 영어 선생님을 골탕 먹이기 위해 선생님의 의자 밑에 폭죽을 설치해놓고 선생님이 자리에 앉을 때 그것이 터지게끔 만들어놓기도 했다.

프랭크는 키가 훤칠하고 흰머리가 많았다. 그는 아이들에게 사물을 분석하는 방법과 천문학을 가르쳐주었다. 그리고 그는 말을 더듬었는데 아이들은 가끔 말을 너무 빨리해서 종종 단어들을 빼먹으며 대화하곤 했다. 그래서 그들은 자신들만의 약어를 만들었다. 이렇게 우연하게 생겨난 호킹 가족만의 말투는 친구들로부터 '호킹어(Hawkingese)' 라는 별명을 얻었다.

스티븐은 자신의 분석 능력을 사용해 집에 몰래 드나드는 새로운 방법을 고안했다. 스티븐의 공범이었던 메리는 스티븐이 고안한 탈출로 11개 중에서 10개 밖에 알아내지 못했다고 한다. 메리는 훗날 이렇게 말했다. "스티븐은 집 안으로 들어오는 11가지 방법이 있다며 항상 으스댔죠. 나머지 한 가지 방법은 아마도 자전거를 두는 창고 지붕으로 드나드는 것이 아니었나 싶어요." 스티븐은 또한 '드레인' 이라고 불리는 곳에 있는 가상의 집을 상상했다. 이사벨은 스티븐이 이 상상 속의 집을 찾기 위해 버스에 뛰어오르는 것을 항상 막아야만 했다. 한번은 가족들이 햄스테드 히스에 있는 캔우드 하우스를 방문했는데, 스티븐은 어머니에게 그것이 자신의 집이라고 설명했다. 그 집이 꿈속에 나타났다고 말이다.

스티븐은 세인트 알반스에서의 처음 몇 개월을 여자 고등학교에서 보냈다. 이 학교에는 어린 소년들을 위한 기숙사 미카엘 하우스가 있었다. 그리고 학생 중에 제인 와일드라는 한 어린 소녀가 있었다. 그녀는 나중에 스티븐에 대해 '황갈색 머리카락을 늘어뜨린 채 항상 교실 벽 가에 앉곤 했던 옆 반 소년'으로 기억했다. 제인은 학교에 다니는 동안 이 소년을 만난 적은 없었다. 하지만 그녀는 나중에 스티븐의 삶에서 중추적인 역할을 하게 된다.

그해 겨울, 프랭크의 아프리카 여행이 예년보다 더 길어졌다. 그래서 이사벨은 아이들을 데리고 오랜 친구 베릴의 부부와 함께 4개월간 마요르카 섬에서 머물기로 했다. 베릴의 남편은 유명한 시인인 로버트 그레이브스^{Robert Graves}였다. 스티븐은 마요르카에서 즐거운 시간을 보내며 로버트의 아들 윌리엄과 함께 가성교사의 교육을 받았다. 집으로 돌아오자마자 스티븐은 사립학교인 래들릿에서 1년을 공부했고, 고교입학자격시험에서 높은 점수를 받아 세인트 알반스 학교에 장학금을 받고 다닐 수 있게 되었다.

당시에 그는 이미 과학자가 되기로 마음을 먹은 상태였다. 그는 모형 기차에 매료되었고 시계와 라디오를 분해하곤 했다. 비록 본인도 인정한 것처럼 그것들을 다시 조립하는 데는 신통치 않았지만 말이다. 사물의 작동원리에 대한 끊임없는 호기심이 결국에는 그를 물리학자의 길로 이끈 것이다. 호킹은 지금도 말한다. "나는 그저 자라지 않은 아이일 뿐입니다. 나는 지금도 항상 소년처럼 '왜?' '어떻게?' 라는 의문을 품습니다. 그리고 가끔씩 해답을 찾는 것이지요."

그는 세인트 알반스 학교에서의 첫 해를 자기 반 꼴찌에서 세 번째인 성적으로 마무리한다. 하지만 선생님들과 친구들은 그의 타고난 총명함을 알아봤다. 나중에 그의 성적은 반에서 중간 정도로 향상되었는데, 그럼에도 친구들은 그를 아인슈타인이라고 불렀다. 또 하나의 의미심장한 별명이었던 것이다.

스티븐은 종교에서부터 물리학까지, 그가 관심을 가진 모든 주제에 대해 토론할 수 있는 대여섯 명의 친한 친구들과 늘 함께 다녔다. 그와 로저 퍼니휴Roger Ferneyhaugh는 보드게임 '리스크Risk' 와 비슷한 복잡한 보드게임을 여러 개 만들었다. 이 게임들은 각각의 규칙과 게임보드를 가지고 완전한 하나의 세계를 이루고 있었다. 스티븐이 만든 게임에 비하면 당시 다른 아이들이 즐기는 게임은 시시한 장난이었다. 스티븐이 만든 '경영게임' 에는 공장과 철길, 그만의 주식시장이 존재했고, '봉건게임' 은 너무도 세부적이어서 모든 참가자가 각자 왕가의 가계도를 갖고 있어야 했다. 이 게임들은 몇 시간씩 계속할 수 있었고 때로는 며칠이 걸리기도 했다. 친구인 마이클 처치Michael Church는 이렇게 말한다.

"스티븐은 새로운 룰을 만들기를 즐겼어요. 그가 만든 게임은 시간이 지날수록 미궁에 빠지는 느낌이 들 정도였습니다. 자신이 하나의 세계를 창조하고 그 세계를 다스리는 법을 만들어냈다는 사실에 빠져 있었지요."

12살쯤 되었을 때, 호킹의 친구들인 바실 킹[Basil King]과 존 맥클레나헨[John Mc Clenahan]은 내기를 했다. 바실은 '스티븐이 언젠가 놀라운 일을 해낼 것'이라는 데 사탕 한 봉지를 걸었다. 훗날 바실이 사탕의 주인이 된 것은 너무나 당연한 결과였다.

프랭크 호킹은 영국사회의 보수적인 교육구조에 대해 너무나 잘 알고 있었다. 자신 역시 그 무자비한 교육구조의 피해자라고 느꼈던 것이다. 그래서 그는 스티븐을 가장 훌륭한 사립학교에 보내어 그 혜택을 받게 하리라고 결심했다. 그는 스티븐이 어떠한 분야를 선택하든 사립학교에서 공부하는 것이 앞날에 도움이 될 거라고 믿었다. 하지만 사립학교에 가기 위해서는 돈이 많이 들었다. 호킹 가족은 남들이 보기에 기이할 정도로 검소했지만, 스티븐은 그의 아버지가 동경한 일류 학교인 웨스트민스터에 장학금 없이는 입학할 방법이 없었다. 결국 열세 살의 나이에 스티븐은 장학금 시험을 준비했다. 하지만 불행하게도 스티븐은 시험을 볼 때쯤 병에 걸려 시험을 치를 수가 없었다. 그는 세인트 알반스 학교에 남았고 이에 대해 이렇게 말했다. "웨스트민스터에서 받았을 만큼의, 아니 어쩌면 더 좋은 교육을 받았다."

아버지의 교육적 목표는 스티븐의 병 때문에 실현되지 못했다. 게다가 스티븐의 병은 원인을 알 수 없었고 좀처럼 낫지 않았다. 그는 학교에 가는 시간보다 침대에 누워 있는 시간이 더 많았다. 그의 어머니는 당시의 일을 기억하면서 그가 걸렸던 '전염성 단핵구증(어린이와 청소년에게 많이 나타나는 바이러스성 질병)' 이 아마도 청년기에 그의 몸을 유린한 그 끔찍한 병의 첫 번째 징조였을 거라고 말했다.

스티븐이 열네 살이었을 때, 그의 부모는 에드워드라는 남자 아이를 입양했다. 스티븐과 그의 가족을 아는 사람들은 하나같이 에드워드가 그의 별난 가족들과 잘 어울리지 못했다고 말한다. 하지만 스티븐은 가족이 하나 더 늘어난 것에 대해 이렇게 믿었다. "아마도 우리 가족에게 좋은 일이었을 겁니다. 그는 대하기 조금 어려운 아이였지만 누구도 그를 좋아하지 않을 수 없었지요."

물리학에 매력을 느끼다

스티븐이 '놀라운 일을 해낼 것' 이라고 믿었던 친구들은 10대 시절 동안 스티븐과 매우 가깝게 지냈다. 스티븐은 친구 존 맥클레나헨과 함께 존 아버지의 작업실에서 모형 보트와 비행기를 만들었다. 그는 자신이 항상 마음속에 품었던 목표에 대해 이렇게 고백했다.

"내가 조종할 수 있는, 실제로 작동하는 모형을 만드는 것이었습니다. 이러한 욕구는 제가 박사과정에서 우주론에 대해 연구하면서 충족되었죠. 우주의 원리를 이해한다는 것은 어떻게 보면 우주를 조종하는 것이나 마찬가지니까요."

스티븐과 친구들은 비판적인 과학자의 눈으로 좀 더 난해한 주제에도 손을 댔다. 바로 초감각 지각(ESP, extra sensory perception : 오감이 아닌 초과학적인 방법으로 정보를 얻는 능력, 식스센스를 의미하기도 한다)이었다. 스티븐은 초능력이 정말로 존재하는지 알아보기 위해 친구들과 함께 주사위 던지기 실험을 했다. 정신력이 주사위 눈에 영향을 미칠 수 있는지 알아보고 싶었던 것이다. 하지만 스티븐은 듀크 대학에서 진행된 ESP 실험에 대한 강연을 듣고는, 결국 모든 게 사기라는 것을 확신했다.

어쩌면 스티븐과 친구들의 가장 큰 성취는 1958년에 기초적인 컴퓨터를 만든 일이었다. 그들은 시계나 전화 배전반 같은 버려진 부속품들로 컴퓨터를 만들었다. 그들이 만든 LUCE(Logical Uniselector Computing Engine)는 곧 마을에서 유명해졌고 그들의 부모들조차 그것을 보기 위해 학교로 몰려들었다. 물론 기능면에서 대단한 것은 아니었지만 그 기계는 질문의 방식이 옳기만 하면 옳은 해답을 산출해냈다. 고등학교의 마지막 해에 그들은 더 정교한 버전을 만들었지만, 이 역시도 가장 기초적인 수학적 연산만 가능했다. 이 기계의 탄생에는 스티븐을 포함하여 모두 6명의 친구들이 기여했는데, 스티븐은 손으로 직접 제작하는 일보다는 주로 뒤에서 아이디어를 내고 지시하는 편이었다. 안타까운 것은 몇 년 후에 새로 부임한 컴퓨터 학과 교수가 LUCE의 가치를 모른 채 쓰레기통에 던져버렸다는 것이다. 그렇지 않았다면 우리는 박물관 유리벽 사이로 LUCE의 실물을 보게 되었을지도 모르는 일이다.

스티븐과 친구들의 고등학교 생활이 끝나가면서 이제 대학과 전공을 결정할 시기가 되었다. 과학과 수학은 당시에도 스티븐이 가장 열정을 가지고 있는 분야였다. 헌신적인 과학자인 그의 아버지는 스티븐의 강력한 역할 모델이었다. 스티븐은 아버지의 연구실에서 현미경을 들여다보는 것을 좋아했다. 과학자로서의 삶은 스티븐에게는 이미 정해진 길처럼 보였다. 하지만 과학 중에서도 어떤 분야를 선택해야 할까? 그는 생물학은 '너무 부정확하고 설명적' 이라고 느꼈다. 반면 물리학은 '모든 과학의 근본' 이라고 생각했다. 실력 등급에 따른 인식 문제도 다소 작용했다. 생물학은 비교적 능력이 떨어지는 학생들의 영역으로 여겨진 반면 물리학은 최고의 지성들을 위한 영역이었다. 하지만 그는 수학에 대한 애정 또한 컸기 때문에 결정하기가 쉽지 않았다.

당연한 일이겠지만, 프랭크 호킹은 아들이 자신의 뒤를 이어 의학을 전공할 생각이 없다는 것을 알고 실망했다. 하지만 아들이 수학을 전공하게 되면 취직하기 힘들어질지도 모른다는 것을 더 걱정했다. 스티븐이 어떤 대학에 들어갈 것인가도 문제였다. 프랭크 호킹은 매우 단호하게 스티븐이 자신의 모교에 들어가야 한다고 생각했다. 하지만 옥스퍼드 대학의 유니버시티 칼리지에는 수학전공 과정이 없었다. 타협안으로 스티븐이 물리와 화학전공으로 유니버시티 칼리지에 입학하는 대신에, 수학은 따로 공부하기로 했다. 이것은 나중에 박사 과정에서 스티븐을 골치 아프게 만든 결정이 되었다. 우주의 원리에 대한 연구에는 수학이 필수적이기 때문에, 그는 짧은 시간 동안 혼자서 수학적 방법들을 터득해야 했다. 그런데 그 조부모가 이미 몸소 체험했던 것처럼 옥스퍼드의 학비는 결코 싸지 않았다. 그래서 스티븐은 입학허가뿐만 아니라 장학금까지 받을 수 있는 성적을 받아야만 했다. 하지만 현실적으로 그의 성적은 자신의 실력과는 아주 거리가 멀었다. 평균 정도의 성적이었기 때문에 장학금은커녕 입학도 불투명했다.

고등학교 마지막 해에 스티븐의 아버지는 연구를 위해 인도에 장기간 머물렀다. 가족들이 아버지와 함께 인도에 머무는 동안, 스티븐은 다가오는 시험을 위해 친분이 있는 험프리 집안에서 지내기로 했다. 자넷 험프리는 스티븐을 이렇게 기억했다.

"왠지 모르게 스티븐은 동작이 좀 어색했어요. 하루는 그가 그릇을 가득 실은 손수레를 밀고 부엌으로 오다가 못에 걸려 그릇들이 모두 쏟아졌지요. 모두 크게 웃고 스티븐도 큰 소리로 웃어댔지만 뭔가 좀 이상하다 싶었죠. 또 스티븐은 춤추는 걸 좋아했어요. 그는 저녁에 스코틀랜드 춤을 추자고 제안했고 여러 장의 음반을 사서 관리하기도 했습니다. 우리 아이들은 스티븐보다 어렸었는데 그는 제일 연장자답게 다양한 여가활동을 이끌었지요."

장학금 시험이 있었던 1959년 3월에 스티븐의 나이는 고작 열일곱 살이었다. 세인트 알반스의 교장은 그가 장학금 시험을 보려면 1년은 더 기다려야 한다고 생각했다. 하지만 스티븐은 도전을 결코 두려워하지 않았다. 그는 자신보다 한 살 많은 세인트 알반스 학생 두 명과 함께 '시험 삼아' 시험을 치렀다. 1년 후에 정식으로 다시 시험을 치르겠다는 생각이었는지도 모른다. 그러나 스티븐은 서술형 시험에서 꽤 높은 점수를 받았고, 물리 시험에서는 거의 만점에 가까운 점수를 받았다. 또한 그는 대학의 물리학 지도교수인 로버트 버만$^{Robert Berman}$ 박사와 학장이 참석한 면접에서 깊은 인상을 남겼다. 스티븐이 장학금을 거머쥐고 옥스퍼드로 입성한다는 것은 기정사실이 되었다.

이렇게 스티븐 호킹은 두 부모의 발자취를 따라 1959년 10월, 열일곱 살의 나이로 과학자의 길을 걷기 시작한다.

어린 시절 스티븐(왼쪽)과 여동생 메리(오른쪽). *MMP CAMBRIDGE.*

열두 살 때 세인트 알반스 집 정원에서 스티븐 호킹(왼쪽), 1962년 옥스퍼드 졸업식(오른쪽). *MMP CAMBRIDGE.*

인간은 물리적으로 많은 제약을 받고 있지만
우리의 마음만큼은 아주 자유롭게 우주 전체를 탐험할 수 있습니다.

— 스티븐 호킹

옥스퍼드에서
과학자의 꿈을 키우다

옥스퍼드는 길고 걸출한 역사를 가졌다. 그중에서도 유니버시티 칼리지는 40개가 넘는 칼리지와 개별 학부들 가운데 단연 최고였다. 1249년에 더럼의 윌리엄 부주교가 설립하여 초기에는 신학생들만을 받았던 곳으로, 옥스퍼드의 칼리지 중 가장 오래되었다. 유니버시티 칼리지를 거쳐 간 유명인사들에는 물리학자 로버트 보일Robert Boyle, 소설가 C. S. 루이스C. S. Lewis, 미국 진 내동녕 빌 클린턴Bill Clinton 등이 있다. 시인 퍼시 셸리Percy Shelley는 1810년에 입학했다가 무신론에 관한 전단을 유포했다는 이유로 1년도 되지 않아 퇴학을 당했다. 옥스퍼드의 학사일정은 미국 대학의 학사일정과는 많이 다르다. 1년이 8주씩 3개의 학기로 나뉘는데, 10월에서 12월까지(미카엘마스), 1월부터 3월까지(힐러리), 그리고 5월부터 7월까지(트리니티)이다. 빠듯한 일정상 매우 정신없는 대학생활이 펼쳐질 수밖에 없다.

스티븐 호킹은 1959년 미카엘마스 학기가 시작되는 시점에 유니버시티 칼리지에 도착했다. 열일곱 살이었던 그는 대부분의 학우들보다 몇 살이나 어렸다. 그가 다른 학생들보다 1년 일찍 입학시험을 치렀기 때문이기도 했지만, 대부분의 학생들이 칼리지에 들어오기 전에 군복무를 마치고 왔기 때문이기도 했다. 호킹의 경우 때마침 징병제도가 폐지되어 군복무를 하지 않아도 되었던 것이다. 나이 차이 때문에 호킹은 처음부터 동급생들로부터 소외되었다. 게다가 당시의 칼리지 학생들은 대개 자신들이 살고 있는 세계의 주류 문화에 환멸감을 느꼈다. 그들은 삶에 싫증을 냈고 기성사회의 물질주의를 경멸했다. 그리고 스스로 옥스퍼드의 비주류임을 자처하며 좋은 성적을 받기 위해 열심히 공부하는 것을 가장 큰 죄악으로 여겼다. 편안하고 친숙했던 고등학교 친구들과 떨어져, 권태와 일탈의 문화에 빠져 있는 나이 많은 이방인들 속에서 스티븐은 외로움을 느꼈다. 그리하여 옥스퍼드에서의 처음 2년은 불행했다.

심지어 물리학 프로그램도 그를 고립시키기 위해 만들어진 것처럼 보였다. 그 해에 유니버시티 칼리지에 입학한 물리학과 학생은 네 명뿐이었다. 호킹과 고든 베리[Gorden Berry], 리처드 브라이언[Richard Brian], 그리고 데릭 파우니[Derek Powney]였다. 이들 물리학자들은 교실 밖에서나 안에서나 대부분 시간을 함께 보냈다. 그리고 호킹은 그중에서도 지도교수가 같은 고든과 친해졌다. 데릭 파우니는 스티븐의 첫인상을 이렇게 기억했다.

"고든과 내가 식사를 마치고 스티븐의 방을 찾아간 적이 있습니다. 그는 맥주 한 박스를 옆에 놓고 한 병씩 꺼내 마시고 있더군요. 당시 그는 열일곱 살에 불과했으니까 술집에서는 술을 마실 수 없었던 거죠. 그는 대학에 너무 일찍 입학한 겁니다! 그 당시 우리는 스티븐이 얼마나 머리가 좋은지 몰랐어요. 스티븐의 비범함을 알게 된 건 2학년 때였습니다."

칼리지에서의 두 번째 해에 그들은 대학 전통의 일부로 스며들고 있었다. 그리고 그것은 마침내 대학생활에 대한 호킹의 생각을 바꾸어 놓았다. 오늘날과 마찬가지로 당시에도 대학 스포츠에는 지독하게 서로 견제하는 라이벌들이 존재했다. 특히나 조정에서는 더욱 치열했다. 옥스퍼드의 오랜 라이벌인 케임브리지도 있었지만, 옥스퍼드 내 칼리지 간의 경쟁도 만만치 않았다. 1827년에 처음으로 조정팀을 결성한 유니버시티 칼리지는 트리니티(여름) 학기의 막바지에 아이시스 (템스 강의 애칭)에서 개최되는 '에이트(조정의 꽃으로 불리는 조정 종목 중 하나로 8명의 조수와 1명의 타수가 한 팀이 되어 경기함) 주간' 행사에 가장 적극적으로 참여했다. 일명 '보트클럽'은 조수(한 보트 당 8명)로 근육질의 남자들을 자주 모집했다. 그리고 타수의 역할을 할 가벼운 남학생도 모집했다. 타수는 보트의 맨 앞에 조수들과 얼굴을 맞대고 앉아 그들이 노를 젓는 동안 고함을 질러 지시사항을 전달하는 역할이다. 고든 베리와 스티븐 호킹은 둘 다 작은 체구 때문에 타수로 모집되었다.

보트클럽은 스포츠를 위한 모임이기도 했지만 사교단체이기도 했다. 스티븐은 마침내 자신이 어딘가에 소속되어 있다는 느낌을 받았다. 그는 어린 시절 모형 조립을 즐기고 가상의 보드게임 세계에 빠져들었던 것처럼, 물 위의 삶에 완전히 빠져들었다. 칼리지의 조정 선수였던 노먼 딕스는 그를 다음과 같이 묘사했다.

"조정에서 타수는 크게 두 타입이 있습니다. 모험을 즐기는 타수가 있는 반면 침착한 유형도 있죠. 스티븐은 상당한 모험가 타입이었어요. 가끔 우리들은 스티븐의 결정에 어떤 위험한 일이 벌어질지 몰라 걱정하기도 했습니다. 그는 때때로 강의실에서 마저 풀지 못한 문제를 배에 함께 싣고 머릿속으로 기어를 여러 단으로 바꾸는 작업을 했던 것 같아요. 무슨 생각을 하고 있는지 통 알 수 없었죠. 하지만 그는 꽤 낭랑한 목소리를 냈고 리더십도 상당히 돋보였습니다."

그는 가끔씩 배가 지나가기도 힘들 만큼 좁은 장소로 들어가는 바람에 노와 배를 망가트려 돌아오기도 했다. 그는 타수 역할과 물리학과 학생 역할을 동시에 하며, 요즘 말로 하면 멀티태스킹을 하고 있었던 것이다. 옥스퍼드의 친구들은 조정을 시작한 후의 호킹에 대해 이렇게 말한다. "그는 활기있고 낙천적이며 융통성이 있었다. 그는 머리를 길게 길렀으며 남다른 유머감각과 재치로 유명했고 클래식 음악과 공상과학 소설을 좋아했다." 대학에 갓 입학한 외로운 열일곱 살 소년이었던 호킹은 조정의 타수 역할을 통해 그 이전과는 매우 다른 대학 시절을 보내게 된다. 스티븐의 기준으로 본다면, 그의 비범한 두뇌는 평범한 사람들과의 관계 맺음에 방해가 되었음이 분명하다. 물론 그것은 외형적으로 한두 살 정도의 어린 나이, 왜소한 체격 때문인 것처럼 비춰졌을지도 모른다. 그는 대학입학 초기에 자신을 고립시키거나 희화화하거나 독특한 유머를 표현함으로써 사람들 사이에서 방어태세를 갖추었던 것이다.

우주론에 부름 받다

수학과 물리학에 재능을 보였던 스티븐은 역설적이게도 물리학과의 교과과정에 전혀 흥미를 느끼지 못했다. 특히 옥스퍼드의 물리학 강좌는 열심히 공부하지 않아도 쉽게 넘어갈 수 있게끔 짜여 있었다. 그는 이렇게 말했다. "말도 안 되게 쉽군. 강의를 듣지 않고 일주일에 한두 번 개별지도를 받는 것만으로 충분히 해낼 수 있잖아. 모두 기억할 필요 없이 몇 가지 공식만 기억하면 되니까." 대학 3년 동안 그는 약 1000시간, 그러니까 하루에 한 시간 정도를 학과 공부에 할애했을 뿐이다. 그러나 이것은 당시 '노력할 가치가 있는 것이란 도대체 무엇인가' 하는 회의적인 면학 분위기를 감안한다면 자연스러운 현상이었다.

스티븐은 물리학 공부가 쉽다고 생각했는지 모르지만 그의 친구들은 전혀 동의하지 못했다. 데릭 파우니는 그들 네 명이 전자기에 관한 13개의 문제를 과제로 받았던 일을 회상했다. 그들의 지도교수인 로버트 버만은 "풀 수 있는 만큼만 풀어도 괜찮다."며 그들을 격려했다. 그 주의 막바지에 리처드와 데릭은 서로 힘을 합쳐 한 개 반의 문제를 푼 상태였고(그들은 그 성과를 매우 자랑스럽게 여겼다고 한다), 고든은 한 개, 그리고 스티븐은 숙제를 아예 시작도 하지 않았다. 친구들은 스티븐이 어떻게 할지 걱정 반 호기심 반이었다. 다음날 다른 친구들이 어김없이 오전 세 시간의 강의를 듣는 동안 그는 늘 그랬듯이 강의를 빠졌다. 그리고 점심시간이 되기 전에 문제 10개를 혼자서 모두 풀어버렸다! 친구들이 스티븐에게 몇 문제를 풀었냐고 묻자 그는 "글쎄, 처음 열 개를 겨우 풀었을 뿐이야."라고 천연덕스럽게 대답했다. 데릭과 친구들은 그때 "그가 우리와 실력 차이가 나는 정도가 아니라 다른 행성에 있다는 것을 깨달았다."고 고백했다.

지도교수인 버만은 그의 제자들 중 호킹이 가장 뛰어난 학생이라고 했다. 그는 호킹이 참고도서를 그다지 사려고 하지도 않았으며, 필기도 열심히 하지 않았다고 말했다. 하지만 호킹은 그의 천재성에도 불구하고 다른 학생들과 어울릴 수 있었다고 말한다. "겉보기에 그는 그저 철없는 젊은이들처럼 보였어요. 그는 절대로 실력을 뽐내지 않았지만 학생들 사이에서 인기 있는 친구였죠."

물론 그의 인기는 조정 덕분이었다. 스티븐은 공부하는 시간과 강에서 보내는 시간의 균형을 맞춰야 했다. 조정에는 많은 연습시간이 필요했기 때문이다. 그는 실험실에서 실험해야 할 시간에 조정연습을 했다. 당시 물리학과 학생들은 일주일에 3일은 오전 9시부터 오후 3시까지 실험을 해야 했지만, 스티븐과 고든은 그것과 상관없이 주 6일을 매일 강 위에서 고함쳐야 했다. 절대적으로 시간에 쫓긴 고든과 스티븐은 실험의 여러 단계를 생략한 채 결과를 추측하기도 했다. 그리고 보고서를 쓰기 위해 기발한 분석법과 빠른 자료 수집법을 찾아내는 데도 일가견을 발휘했다.

옥스퍼드의 칼리지는 3년 과정으로 이루어져 있었는데, 그 마지막 해가 되자 스티븐은 대학원 과정에 대해 고민하기 시작했다. 그는 물리학이 앞으로도 자신의 분야가 될 거라는 것을 알았다. 하지만 박사학위를 받기 위해서는 구체적인 전공분야를 선택해야 했다. 일단 그는 왕립 칼리지 천문대에서 천문학자인 리처드 울리^{Richard Woolley} 경의 여름학기 수업을 수강하며 쌍성(double star:두 개 이상의 별들이 중력의 힘으로 공전하고 있는 천체)들을 관측했다. 그는 그 일이 지루하고 창의적이지 못하다고 생각했다. 그리고 천문관측은 전혀 그의 관심사가 아니라는 것을 깨닫게 되었다.

1960년대 초반 이론물리학의 주요 관심사는 두 가지였다. 가장 광범위한 규모로 우주를 연구하는 '우주론(cosmology)'과 가장 작은 규모로 우주를 연구하는 '입자물리학(particle physics)'이었다. 둘 다 근본은 알베르트 아인슈타인의 연구에서 파생된 것이었다. 아인슈타인은 일반상대성이론*을 통해 중력에 대한 우리의 이해를 완전히 바꾸어 놓았는데, 우주론은 바로 이 일반상대성이론을 바탕으로 하는 분야이다. 한편, 입자물리학은 원자와 아원자(양성자, 중성자, 전자 등 원자의 구성요소) 차원에서 우주의 원리를 설명하는 양자역학[**]에서 발전된 것이다. 아인슈타인은 의도하지 않았지만 어떻게 보면 그는 양자역학의 선구자 중 한 명이었다. 하지만 그는 물리학적으로 모호한 양자역학의 예측들을 결코 좋아하지 않았다. 호킹은 입자물리학에 대해 이렇게 생각했다. '마치 식물학 같다. 입자들은 난무하지만 이론은 없다' 반면 우주론은 '명확한 이론' 을 바탕으로 하고 있었다.

전공은 결정했지만 아직 대학을 결정하는 문제가 남아 있었다. 옥스퍼드에는 우주론을 전공하는 교수가 없었다. 하지만 케임브리지에는 좀 별나기는 하지만 뛰어난 교수 프레드 호일[Fred Hoyle]이 있었다. 호일은 유명한 공상과학 소설의 저자이자 대중적인 과학자로, 라디오 대담에 몇 번 출연하기도 하면서 영국에서는 상당히 이름을 알리며 당시 과학도들에게 영향을 미치고 있었다. 호일은 국제적 명성을 가진 과학자이기도 했다. 그는 별의 화학적 진화에 대한 이해와 관련해 큰 진척을 거두었다. 그리고 빅뱅이론의 최대 라이벌인 정상우주론 창시자

● 일반상대성이론 : 아인슈타인이 1905년에 발표한 특수상대성이론을 확장하여 가속도를 가진 임의의 좌표계에서도 상대성이 성립하도록 체계화한 이론이다. 시공간이 상대성을 띠고 있으며, 시공간은 물체의 존재에 따라 영향을 받는다는 내용을 포함하고 있다. 이 이론에 따르면, 질량과 에너지가 시공간을 휘게 하여 중력장이 형성된다.

●● 양자역학 : 기본 입자들과 원자들 간의 미시적인 상호작용을 관장하는 과학적 법칙. 원자, 분자, 소립자 등의 미시적 대상에 적용되는 역학으로 거시적 현상에 적용되는 고전역학과 다르다. 양자역학은 고전역학과 달리 확률론적(probabilistic) 입장을 취한다. 비록 현재 상태에 대하여 정확하게 알 수 있더라도 미래에 일어나는 사실을 정확하게 예측할 수는 없다는 입장이다.

들 중 한 명이기도 했다. 사실 '빅뱅'[*]이라는 이름은 호일 자신이 터무니없다고 생각한 이론을 조롱하기 위해 만든 말이었다.

빅뱅이라는 개념의 기원은 미국의 천문학자인 에드윈 허블[Edwin Hubble]의 연구로까지 거슬러 올라간다. 그는 1920년대에 은하들이 서로 멀어지는 것을 발견했다. 멀리 있는 은하일수록 더 빨리 멀어지고 있었던 것이다. 오늘날 은하들 간의 거리와 후퇴속도의 관계를 허블의 법칙[**]이라고 부른다. 한편 벨기에의 신부이자 천체물리학자인 조르주 르메트르[Georges Lemaitre]는 아인슈타인의 일반상대성이론 방정식을 허블의 법칙에 적용하여 은하들이 서로 멀어지는 것이 우주의 전체적인 팽창 때문이라고 설명했다. 그는 원시원자(primordial atom : 우주의 근원이 되는 최초의 작은 덩어리)라는 개념을 도입하여, 격렬한 방사선 붕괴 과정에 의해 원시원자가 대폭발을 일으킴으로써 우주의 팽창이 시작되었다고 설명했다. 이후에 러시아의 물리학자인 조지 가모브(George Gamow : 미국으로 망명한 유명한 과학자)와 그의 동료들은 르메트르의 주장을 수정하여 오늘날 빅뱅으로 알려진 모델을 만들었다. 태초에

● 빅뱅 : 태초의 우주는 엄청나게 높은 밀도와 온도의 한 점이었지만 대폭발, 즉 빅뱅을 일으키면서 팽창하게 되었다는 주장. 현재 은하들은 서로 점점 멀어지고 있는데, 아득히 먼 과거의 우주는 지금과는 전혀 다른 상태였다는 것이다. 일반상대성이론의 방정식을 써서 은하들의 운동을 과거로 거슬러 올라가면 어느 시점에서 우주의 밀도와 중력은 무한히 커진다. 빅뱅 우주론에 따르면 우주가 팽창을 거듭하면서 평균 밀도는 감소하고 배경온도 역시 떨어진다.

●● 허블의 법칙(Hubble's law) : 1920년대에 발견된 법칙으로, 은하가 멀리 떨어져 있을수록 후퇴하는 속도가 더 빨라 보인다. 이는 빅뱅과 우주 팽창의 증거로 해석된다.

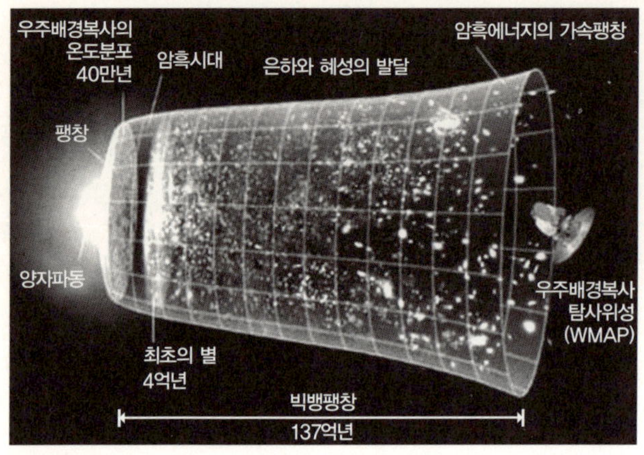

빅뱅우주론

초고온·초고밀도 상태에서 우주가 생성되고, 시간이 지남에 따라 진화하는 과정에서 밀도가 낮아진다는 것이다. 또한 그 과정에서 우주의 구조가 전체적으로 팽창하기 때문에 은하들이 서로 훨씬 더 멀리 떨어지게 된다는 이론이다.

반대로 정상우주론(steady state model : 우주는 늘 같은 상태를 유지하며 변화하지 않는다는 이론)은 움직이는 은하들 사이의 빈 공간은 끊임없이 새로운 물질로 채워진다고 주장하며 우주팽창설에 맞선다. 이 새로운 물질은 무(無)에서부터 자연발생하는 것이고, 따라서 우주의 전체적인 모습은 항상 불변한다. 결국 우주의 밀도 역시 결코 변하지 않는다. 프레드 호일은 아인슈타인의 방정식에 약간의 변화를 주어 이같이 주장했다.

여기서 빅뱅과 정상우주의 차이를 잠깐 설명하자면, 빅뱅이론에서 우주에는 분명한 시작이 있고 우주가 진화해감에 따라 변화한다. 반면 정상우주론에서 우주는 불변하며 시간과 장소를 초월하여 항상 같은 모습이며 정상의 상태에 있는 것이다. 1950년대는 이렇게 두 집단으로 나뉜 과학자들의 논쟁으로 활기찬 시기였고 때로는 서로에게 가혹하기도 했다. 그리고 이렇게 서로 팽팽하게 맞서던 논쟁은 1960년대 초에 가서야 빅뱅 쪽으로 승세가 기울었다.

1등급의 환호 뒤에 드리운 그림자

호킹은 이렇게 흥미로운 과학의 세계에 뛰어들 만반의 준비가 되어 있었다. 그러나 그의 앞길에는 한 가지 장애물이 있었다. 바로 그가 조건부로 케임브리지의 입학허가를 받았던 것인데, 마지막 시험에서 1등급을 받아야만 입학이 가능했다. 지난 3년 동안 공부를 게을리해온 스티븐에게는 쉽지 않은 일이었다. 나중에 계산해보니 그는 하루 평균 1시간씩만 공부를 해왔던 것이다. 그는 이렇게 고백했다. "저도 공부를 열심히 하지 않은 것이 자랑스럽지는 않습니다. 단지 그 당시 분위기에서는 다른 친구들도 마찬가지였다는 겁니다."

다행히도 시험은 여러 문제 중에서 한 문제를 선택하는 형식으로 출제되었다. 그래서 그는 자신이 풀 수 있는 문제들이 많이 포함되어 있을 거라고 기대했다. 하지만 시험을 친 후 네 명의 물리학도 중 세

명은 원하는 등급을 받지 못할 거라고 지레짐작하며 시름에 잠겼다. 유일하게 고든만이 1등급을 받을 수 있을 거라며 낙관하고 있었다.

현실적인 사고방식을 가지고 있었던 호킹은 만일의 경우에 대비한 계획을 세웠다. 영국 정부 부처인 건설부의 채용에 지원한 것이다. 하지만 졸업시험 직후에 있었던 공무원 시험 날 아침에 그는 평소와 마찬가지로 늦잠을 자는 바람에 시험을 놓쳐버렸다. 결국에는 그것이 오히려 잘 된 일이었다. 네 명의 물리학도 모두가 자신의 점수를 잘못 예상하고 있었던 것이다. 고든만 제외하고 모두가 자신이 예상했던 것보다 더 좋은 등급을 받았다. 데릭과 고든은 2등급을 받았고 리처드는 3등급, 스티븐은 1등급과 2등급의 경계에 있는 점수를 받았다. 최종 등급을 결정하는 면접에서 스티븐은 졸업 후의 계획이 무엇이냐는 질문을 받았다. "제가 1등급을 받으면 케임브리지로 갈 것이고, 2등급을 받으면 옥스퍼드에 남을 것입니다. 그러니 저는 면접관님께서 1등급을 주시기를 기대하고 있습니다." 호킹은 1등급을 받았고 가을학기에 케임브리지 입학을 앞두게 되었다.

호킹의 앞날은 창창해 보였다. 하지만 검은 먹구름이 조금씩 다가오고 있었다. 3학년 때부터 그의 두 손은 이전보다 글씨쓰기가 불편해졌고 건강상태가 악화되었다. 하지만 내색을 하지 않았기 때문에, 가족들조차 단지 시험과 신경과민 같은 청년기에 늘 있는 고민 탓으로만 여겼다.

옥스퍼드에서의 마지막 해에 호킹은 자신이 조금 이상하다는 것을 알아차렸다. "저는 몸놀림이 뭔가 서툴어진 느낌을 받았습니다. 별다른 이유 없이 한두 번 넘어지기도 했고요." 그는 또한 노를 젓는 일이 점점 더 힘들어졌다. 호킹은 이 알 수 없는 증상들을 가족에게 알리지 않았다. 하지만 그의 친구들은 쉽게 넘어갈 수 없는 사건들을 목격했다.

마지막 학기가 끝나갈 무렵, 그는 사각형의 나선형 계단에서 넘어져 머리를 심하게 부딪혔다. 주변 친구들은 스티븐이 순간 의식을 잃었고 자신이 누구인지 몰라 어리둥절해했다고 기억한다. 사실 그는 일시적인 기억상실 때문에 괴로워했다. 친구들이 그를 부축하여 방 안으로 옮겨놓자 겨우 기억이 서서히 회복되었다. 그가 의자에 앉아 처음으로 내뱉은 말은 "내가 누구지?"와 "여긴 어디지?"였다. 친구들은 대답했다. "너는 스티븐 호킹이고 여긴 대학이야. 넌 조금 전에 계단에서 굴러떨어졌어." 이때 그는 1959년에 대학에 입학한 것은 기억했지만 1년 전과 한 달 전 일은 기억하지 못했다. 그러나 시간이 흐르자 점점 기억이 되돌아오기 시작했다. 친구들은 마지막으로 "일요일 저녁에 술집에서 술 마신 일은 기억하니? 월요일에 강에 나가 보트 타수 하던 것은?"이란 질문을 던져 가장 최근의 기억까지 끄집어냈다.

그는 자신의 육체적, 정신적 건강이 염려되어 멘사의 지능시험을 치렀고 자기 자신과 친구들에게 여전히 천재임을 증명했다. 병원에 진찰을 받으러갔을 때도 그에게는 근위축증이라는 진단이 내려지지 않았고 육체적으로 이상한 징후가 없다는 결과만 들었다. 증상들은 계속 늘어났지만 그 원인이 무엇인지는 짐작조차 할 수 없었다.

그는 여름에 친구들과 함께 페르시아(이란)로 여행을 갔다. 그리고 그곳에 있는 동안 매우 심하게 앓았다. 당시에 그는 식생활이 갑자기 바뀌어 위장병이 걸린 것이거나 여행 전에 맞은 백신 때문일 거라고 생각했지만 전보다 훨씬 약해진 몸으로 돌아왔다. 날이 갈수록 불길함은 더해갔지만, 케임브리지에서의 첫 학기가 지난 후에야 그 진실이 밝혀졌다.

옥스피드에서 소성 타수로 활동하던 시절의 호킹

인간을 위해 신에게서 불을 훔친 프로메테우스처럼
그 어떤 운명의 장난을 무릅쓰더라도
우리는 우주를 이해하려고 노력해야 하고,
또 이해할 수 있다고 믿습니다.

— 스티븐 호킹

비극과 영광이 교차하다

케임브리지의 물리학자인 데니스 시아머[Dennis Sciama]는 일반 대중을 위해서 쓴 책《우주의 통합 *The Unity of the Universe*》서문에서, 1961년경의 우주론에 대해 '매우 논란의 여지가 많아 동의된 학설은 없다고 보는 것이 옳다'고 설명했다. 이 말은 그 당시에 빅뱅론과 정상우주론 사이에서 고조되었던 신랄한 논쟁을 정확하게 반영하고 있다. 우주의 시작은 있는 것일까? 그렇다면 이것은 신이 존재한다는 것을 의미할까? 만약 우주가 초고온·초고밀도의 상태에서 탄생했다면, 우리가 지금 알고 있는 물리법칙들이 먼 미래에도 그대로 적용될 거라고 확신할 수 있을까?

시아머는 이 논쟁이 정점에 이르렀을 때 한창 활동하던 과학자였다. 또한 그의 책이 정상우주론의 '신성한 삼위일체'인 허먼 본디[Hermann Bondi]와 토머스 골드[Thomas Gold], 그리고 호일에게 헌정된 것을 미루어볼 때 그가 어떤 이론의 편에 섰는지는 분명했다. 하지만 그가 맹목적으로 정상우주론을 추종한 것은 아니었다. 시아머는 1949년부터 그가 박사학위를 받은 1953년까지 케임브리지에서 연구원으로 있었다. 그는 정상우주론의 탄생을 지켜봤다. 케임브리지에 몸담았던 정상우주론의 창시자 세 명을 모두 알고 있기도 했다. 시아머는 이 세 사람에 대해 이렇게 말했다. "본디와 골드, 호일은 활기찬 성격의 뛰어난 강연자이자 필력 있는 저자로서 정상우주론이 옳다는 것을 증명하기 위한 연구에 열정적으로 헌신했다." 하지만 시아머가 정상우주론의 편에 선 것은 이론 그 자체 때문이 아니었다. 그 이론에 몰입한 다른 사람들 때문이었다. 그들은 젊고 용감했으며 기성세대에게 덤비는 과학의 반란군이었다. 그들은 시아머 같은 젊은 과학자들에게 큰 자극이 되었다.

이 때문에 1962년도의 케임브리지 응용수학 · 이론물리학과(DAMTP)는 정상우주론을 지지하는 입장에 서 있었다. 시아머는 이 학과의 교수였고 프레드 호일은 천문학 및 실험철학 석좌교수였다. 하지만 피할 수 없는 변화가 다가오고 있었다. 당시 마틴 라일[Martin Ryle]이 케임브리지에서 전파천문학 분야를 이끌고 있었다. 그는 2차 대전 중에 레이더 연구를 하여 나중에 노벨 물리학상을 수상한 인물이었다. 마틴 라일은 1962년까지 '전파 수 세기(radio counts)' 라고 알려진 방법을 통해 정상우주론의 주장과는 달리 우주가 변한다고 판단했다. '전파 수 세기' 란 전파를 발생하는 은하의 수를 세는 것이다. 그는 자신의 장비로 관측한 결과 더 먼 우주일수록 이러한 은하들이(우리는 현재 전파를 발생하는 은하의 중심에는 활발하게 활동하는 블랙홀이 있다는 사실을 알고 있다) 더 흔하다는 사실을 발견했다. 빛이 우주 공간을 거쳐 지구에 도달하는 데는 시간이 걸리기 때문에, 먼 우주의 은하를 관찰한다는 것은 우리가 그 은하의 과거 모습을 본다는 뜻이다. 따라서 먼 우주일수록 이러한 은하들이 많이 존재한다는 것은 은하가 정체해 있지 않고 진화한다는 의미가 된다. 호일과 그의 제자인 자이안트 날리카 Jayant Narlikar는 이러한 관측 결과와 정상우주론 사이의 명백한 모순을 설명하기 위해 정상우주론을 수정하기 시작했다.

스티븐 호킹이 머물고 있던 세인트 알반스에도 변화와 불안 기운이 자리를 잡고 있었다. 1962년 여름, 이제 막 기말고사를 마친 여고생 무리가 여름방학의 자유를 만끽하고 있었다. 그들이 길을 건너려는데 반대편에서 머리가 헝클어진 한 젊은 남자가 '어색한 걸음걸이'로 건너오고 있었다. 그는 생각에 몰두해 있었다. 다이애나 킹은 별나지만 천재적인 저 젊은이가 자신의 오빠 바실의 친구인 스티븐 호킹이라는 사실을 친구들에게 알려주었다. 그리고 그녀는 자랑스럽게 떠들었다. "사실 나는 그와 데이트를 한 적이 있어." 그녀의 친구들 중 한 명이었던 제인 와일드 Jane Wilde는 초등학교 동문인 그 젊은이를 호기심 있게 바라봤다. 공무원의 딸인 제인은 진지하고 수줍음이 많은 아가씨였다. 그녀는 공부를 열심히 했지만 자신이 옥스퍼드나 케임브리지에 들어갈 수 있을지 확신할 수 없었다. 여름방학 동안 제인의 친구들은 학교를 떠나 있었지만 그녀는 학교 대표로 가을학기까지 남아 있었다. 그 사이 제인은 칼리지에 지원을 했다. 제인의 아버지는 그녀가 아주 어렸을 때부터 케임브리지에 가길 희망했지만 실망스럽게도 그녀의 미래에는 케임브리지도 옥스퍼드도 없었다. 대신 그녀는 런던에 있는 여자예술학교인 웨스트필드 칼리지에 합격했고 그곳에서 스페인어와 프랑스어를 공부할 계획이었다.

케임브리지에도 가을학기가 돌아왔고, 호킹 역시 도전을 앞두고 있었다. 그 당시에 우주론은 과학계에서 경시되는 분야였다. 시아머가 일찍이 통탄했듯이, 우주론은 원리도 없고 관측 증거도 부족했기 때문에 그저 추측일 뿐이라고만 여겨졌다. 호킹은 자신이 선택한 전공분야의 불확실한 위치를 알고 있었지만 그럼에도 여전히 그 안에서 뭔가 될성부른 것을 발견했다. 그는 우주론과 아인슈타인의 일반상대성이론의 연구에 대해 이렇게 생각했다.

당시에 그 분야는 발전을 위한 기회가 무르익기를 기다리며 소외되어 있던 분야였다. 소립자에 대한 연구와는 달리 명확한 이론이 있었지만 상상할 수 없을 정도로 어렵게 여겨졌다. 사람들은 장방정식*의 해법을 발견하면 기뻐했지만 거기에 어떤 물리학적 의미(조금이라도 있다면)가 있는지에 대해서는 묻지 않았다.

---

* 장방정식(Einstein Field Equation) : 일반상대성이론의 결과로 유도되는 4행 4열의 텐서방정식으로 중력은 시공간의 곡률로 표현되며, 물질의 에너지와 운동 상태는 휘어진 시공간에서 구속된다.

자이언트 날리카와 여름학기 수업을 함께 들은 덕분에 우주론에 대한 호킹의 기대감은 더욱 커졌다. 그는 전설적인 프레드 호일 밑에서 연구할 수 있기를 고대했다. 하지만 그렇게 되지는 않았다. 호일에게는 이미 너무 많은 제자가 있었기 때문에 호킹은 데니스 시아머에게 배정되었다. 호킹은 시아머에 대해 들어본 적이 없었기 때문에 당연히 실망했다. 하지만 그는 나중에 이것이 전화위복이라고 생각했다. 호일은 미국에 있는 주요 관측소들과의 합동 연구 때문에 상당히 오랫동안 캠퍼스를 떠나 있었지만, 시아머는 케임브리지를 떠나지 않았다. 그리고 제자들에게 토론과 지도를 위한 시간을 아낌없이 할애했다. 그는 자신의 필요보다 학생들의 필요를 먼저 생각하는 따뜻하고 열정적인 사람이었다. 어쩌면 그는 개인적인 연구와 경력보다 학생들의 지도를 우선으로 했기 때문에 케임브리지에서 위엄 있는 교수의 지위에는 오르지 못했는지도 모른다. 그보다는 그의 제자들이 훨씬 더 많은 명성과 상을 거머쥐었다. 호킹이 그의 지도교수인 시아머와 항상 같은 과학적 견해를 가졌던 것은 아니지만, 시아머는 언제나 호킹에게 자극이 되었다. 물론 시아머 본인은 자신에 대해 학생들이 생각하는 것과 다른 생각을 가지고 있었다. 그는 최고의 학생들을 끌어당기는 것은 케임브리지라고 말했다. 자신의 역할은 학생들에게 필요한 배경지식과 체계를 제공해주고, 그 후에는 그저 뒤에 앉아 그들이 앞으로 나아가는 것을 지켜보는 것이라 생각했다.

호킹은 처음으로 시아머의 이러한 소신과 원칙에서 벗어난 학생이 되었다. 호킹은 대학원에서 처음 1년 이상을 고생해야 했다. 수학적 지식이 다른 학생들보다 부족하기도 했고, 또한 그가 연구하고자 하는 분야에 이렇다 할 연구주제가 없었기 때문이었다. 시아머는 천체물리학이 어떻겠냐고 제안했지만, 자신의 어려움과는 상관없이 우주론과 일반상대성이론을 연구하겠다는 호킹의 결심은 단호했다. 그는 혼자서 일반상대성이론에 대해 공부하면서, 동료 학생들과 정기적으로 런던에 있는 킹스 칼리지로 강의를 들으러 갔다. 그곳에서 허먼 본디가 일반상대성이론에 관한 프로그램을 의욕적으로 시작했던 것이다.

그러나 한 가지 장애물이 그의 앞길을 위협하고 있었다. 바로 옥스퍼드에서 나타났던 그 알 수 없는 증상들이었다. 이제 그 증상들은 점점 더 무시하기 힘든 상태가 되었다. 시아머는 호킹의 분명치 않은 발음이 선천적인 말더듬 때문이라고 생각했었지만 시간이 흐르면서 호킹의 건강이 정상이라고 생각할 수 없는 지경에 이르렀다.

충격적인 진단과 불확실한 미래

칼리지의 크리스마스 방학 동안 스티븐의 상태는 점점 악화되었고 동작의 어색함도 심해져 친구들과 가족들에게 더 이상 숨길 수가 없었다. 그가 어머니와 함께 집 근처 베를라미엄 연못으로 스케이트를 타러 갔을 때 비로소 그의 불행이 실체를 드러내기 시작했다. 스티븐은 꽤 스케이트를 잘 타는 편이었지만, 한 번 얼음 위에서 넘어지고는 다시 일어날 수가 없었다. 깜짝 놀란 어머니는 그를 근처의 카페로 데리고 가서 그동안 증상이 심해졌다는 사실을 왜 숨겼느냐고 다그쳤다. 아버지의 강요로 스티븐은 가족의 주치의에게 진찰을 받았다. 주치의는 문제를 정확히 진단할 수 없으니 연휴 후에 전문가에게 진찰을 받으라고 권할 뿐이었다. 그러면서도 '치료가 불가능할지 모른다' 는 뉘앙스를 풍기면서 말끝을 흐렸다. 그의 의견은 만약 두뇌종양이라면 수술이 가능하고 근위축성측색경화증(ALS)이라면 그렇지 않다는 것이었다.

이렇게 자신의 병에 대해 불확실한 상태에서도 스티븐은 오랜 친구인 바실 킹과 그의 여동생 다이애나가 연 신년 파티에 참석해 연휴를 만끽했다. 제인 와일드도 이 파티에 참석했다. 그녀는 넋이 나간 채 케임브리지에서의 생활 이야기에 귀를 기울였다. 제인은 스티븐의 유머와 자유로운 성격에 푹 빠졌다. 그녀는 사교적인 외면 뒤에 숨겨진 그의 수줍음을 알아채고는 그가 자신과 같은 부류의 사람이라고 생각했다. 파티가 끝나갈 무렵 그들은 이름과 주소를 교환했지만 제인은 연락이 올 거라고 기대하지는 않았다. 하지만 놀랍게도 그녀는 며칠후 1월 8일에 있을 스티븐의 생일 파티에 초대를 받았다. 초대장에 몇번째 생일인지는 적혀 있지 않았다(이것은 나중에 다이애나 킹이 개인적으로 말해주었다). 이 파티에서 스티븐은 그의 대학 동료들에 둘러싸여 있었다. 그리고 제인은 자신보다 나이가 많은 그들 사이에서 다소 소외감을 느꼈다. 그녀는 아직 칼리지에 입학하지도 않은 상태였지만, 스티븐과 그의 친구들은 이미 대학원생이었기 때문이다. 그 파티가 있고 일주일 후 그녀는 속기와 타이핑을 배우기 위해 런던에서 비서 수업을 들으며 그 일에 대해 점차 잊어버렸다.

스티븐의 앞에는 훨씬 더 큰 난관이 버티고 있었다. 생일이 지난 지 얼마 되지 않아 그는 여동생 메리가 의사가 되기 위해 공부하고 있는 세인트 바르톨로뮤 병원에 입원했다. 그리고 그곳에서 불쾌하기 짝이 없는 이런저런 검사들을 받으며 2주를 보냈다. 결국 그는 충격적인 검사결과를 접하게 된다. 영국에서는 운동신경병이라고도 알려진 근위축성측색경화증(ALS)에 걸렸다는 것이었다(1941년, 미국 양키즈의 야구선수 루 게릭^{Lou Gehrig}이 이 병으로 죽고 나서는 보통 루게릭병이라고 불린다). 루게릭병은 원인을 알 수 없고 치료가 불가능하며 수의근육의 조종능력이 퇴화되는 병이다. 뇌와 척수의 신경세포인 운동뉴런이 점차 죽고, 동시에 뉴런과 근육을 연결하는 신경섬유도 죽어 근육을 움직일 수 없게 된다. 호킹이 1년 넘게 경험했던 말더듬증이나 헛걸음질, 전체적인 동작의 어색함 같은 증상들이 초기 루게릭병의 전형적인 증상이었던 것이다.

이 질병에 걸린 사람들의 미래는 불확실했다. 걷는 것은 점점 더 어려워져 결국 휠체어에 의지해야만 한다. 팔과 손도 점점 약해져서 밥을 먹거나 글을 쓰는 것 같은 간단한 일조차 힘들어진다. 말하기와 삼키기 또한 힘들어지고 마지막에 가서는 숨 쉬는 것조차 전쟁처럼 힘든 일이 된다. 병이 많이 진행된 환자들은 인공호흡장치가 필요할 수도 있다. 그리고 폐렴에 의한 합병증으로 죽음에 이를 수도 있다. 하지만 비수의근육(심장, 소화기관과 관련된 근육, 성기 등)은 영향을 받지 않는데, 무엇보다도 중요한 것은 환자의 정신도 멀쩡하다는 것이다. 의학기술의 도움으로 환자는 비교적 정상적인 삶을 지속할 수는 있지만 예상수명은 참혹했다. 2년 안에 죽는 경우가 대부분이었던 것이다. 하지만 진단 후 수십 년간 생존해 있는 환자들도 있었다. 또 젊은 환자인 경우와 남성 환자인 경우 더 오래 산다고 알려져 있었다.

진단결과가 나왔을 때 호킹의 의사들은 "아마도 2년 반 이상은 살지 못할 겁니다."라고 단정적으로 말했다. 그리고 스티븐의 두뇌가 정상적으로 작동하더라도 다른 사람들과의 의사소통이 불가능할 것이라고 덧붙였다. 결국 스티븐은 심장과 폐, 두뇌만 온전히 활동하는 사람이 될 운명을 피할 수 없게 된 것이다. 더욱 안타까운 점은 여느 ALS 환자들보다 스티븐은 훨씬 젊은 시기에 발병했기 때문에 수명이 더 단축될 수도 있다는 사실이었다. 의사들은 그 사실을 스티븐과 그의 가족들에게 전하고 암울한 미래에 대비하라고 조심스럽게 조언했다.

스티븐은 당연히 충격을 받았다. '왜 나에게 이런 일이 생기는 거지?' 라고 스스로에게 물었다. '왜 내가 이렇게 일찍 죽어야 하지?' 하지만 자신이 처한 현실을 한탄하는 동안 그는 건너편 침상에서 한 남자 아이가 백혈병으로 죽는 것을 지켜보았다. 그리고 자신보다 더 암담한 운명을 가진 사람들도 있다는 것을 깨달았다. 그 후로도 오랫동안 그는 자기연민에 빠지려 할 때마다 그 소년을 생각했다. 옥스퍼드에서의 생활처럼 그의 삶은 분명 지루하고 자극이 없었다. 진단을 받고 나서 한참 동안 꿈자리도 뒤숭숭했다. 그러다가 다시 자신이 실현하려고 했던 목표에 대한 꿈을 꾸기 시작했다. 또한 다른 사람들을 위해 자신이 희생하는 꿈도 여러 번 꿨다. 이 꿈을 놓고 그는 어차피 죽을 거라면 좋은 일이라도 해야 한다는 뜻으로 해석했다. 스티븐은 이렇게 말했다.

"병에 대한 진단을 받고 퇴원한 직후 나는 사형대 앞의 죄수 같은 심정이었습니다. 그리고 내게 유예 시간이 주어진다면 할 일이 많다고 생각했지요. 역시 인간은 죽음 앞에 당면해서야 인생의 가치를 이해하게 됩니다."

스티븐은 바그너의 오페라에서 위안을 얻었다. 그는 어둡고 염세적인 오페라가 자신의 심정을 잘 표현했다고 생각했다. 의사들은 그에게 학업을 계속하라고 격려했다. 하지만 학위를 마칠 때까지 산다는 보장이 없기 때문에 그는 소용없는 일이라고 생각했다. 호킹은 의사들도 그렇게 격려하는 일 말고는 해줄 수 있는 것이 없다는 걸 깨닫고, 지푸라기라도 잡는 심정으로 열대병 전문가인 아버지에게 의지했다. 프랭크 호킹은 전문가들에게 연락해 이 병에 대한 아주 사소한 가능성까지도 조사했다. 심지어 그는 치료를 위한 실오라기 같은 희망이라도 찾고자 비슷한 증상을 가진 희귀병인 쿠루병을 조사하기도 했다. 하지만 이 병은 식인풍습에 의해 퍼지는 병이었다. 별다른 희망이 보이지 않자 호킹은 의사들의 조언대로 크리스마스 방학이 끝나고 학업을 계속하기 위해 케임브리지로 돌아갔다. 나날이 몸 상태는 악화되었지만 그의 연구만은 변함없이 그 자리에 있었다.

한편 제인 와일드는 비서 공부에 벗어나 친구들을 만날 수 있는 주말을 고대하고 있었다. 스티븐이 병원에서 퇴원할 무렵, 그녀는 간호사 공부를 하고 있던 다이애나 킹을 만났다. 그리고 자신이 많은 관심을 가졌던 스티븐에 대한 심각한 소식을 듣고 충격을 받았다. 제인이 말없이 슬픔에 빠져 있는 것을 보고 그녀의 어머니는 스티븐을 위해 기도하라고 위로했다. 그것 말고는 할 수 있는 일이 아무것도 없었다.

제인과의 만남 : 삶의 의미를 찾디

일주일 후에 제인은 뜻밖에도 기차역에서 스티븐을 만났다. 그것은 제인의 삶을 영원히 바꾸어 놓는 일이 된다. 그녀는 비서 수업을 받으러 가기 위해 기차에 올랐는데 스티븐도 마침 케임브리지로 돌아가기 위해 기차를 탔던 것이다. 스티븐이 반가움을 표시했는데, 그의 건강 상태와는 다르게 쾌활한 편이어서 제인은 무척 놀랐다. 스티븐은 그녀에게 자신의 병에 대해서는 말하고 싶어 하지 않았다. 그들은 기차 안에서 시간 가는 줄 모르고 대화를 나눴다. 결국 그곳에서 첫 번째 공식 데이트 약속을 잡았다. 고급 이탈리안 레스토랑에서의 저녁식사와 영화 관람이었다.

이 행운의 첫 번째 데이트가 있은 지 몇 달 후에 스티븐은 제인을 케임브리지의 공식 행사인 무도회에 초대했다. 마침내 무도회에 참석하기 위해 스티븐이 제인을 데리러 왔을 때, 그녀는 스티븐의 상태가 눈에 띄게 악화된 것을 보고 가슴이 아팠다. 하지만 개의치 않고 그녀는 스티븐과 즐거운 시간을 보냈다. 그녀는 이제 막 싹트기 시작한 그들의 관계가 곧 끝나게 될 저주를 받은 것이나 마찬가지라고 생각하며, 아마도 둘 중 하나 혹은 둘 모두 마음의 상처를 입게 될 것이라 예감하고 있었다.

제인은 스티븐과 연락이 닿지 않던 몇 달 동안 스페인으로 여행갈 돈을 모으기 위해 여러 종류의 비서 일을 했다. 그리고 스페인을 여행하면서 스티븐 문제를 곰곰이 생각해보았다. 그런데 스티븐과 멀리 떨어져 있게 되자 참을 수 없는 그리움과 고통이 밀려왔다. 그녀는 이렇게 말했다. "제 경험을 공유할 수 있는 누군가를 갈망해왔어요. 게다가 그것을 가장 함께하고 싶은 사람은 스티븐이라는 것을 깨달았죠." 불안감이 그녀의 마음속에 파고들었다. 그녀는 그가 잠깐이라도 행복을 느끼도록 도울 수 있을지, 그리고 스스로 결심이 되어 있는지 확신이 서지 않았다.

가을학기가 시작하기 전 집으로 돌아온 제인은 스티븐이 이미 케임브리지로 돌아갔다는 것을 알게 되었다. 스티븐의 어머니는 제인에게 그의 몸 상태가 좋지 않다고 말했다. 낙심한 그녀는 기운을 내서 웨스트필드의 첫 학기를 준비했다. 스티븐은 11월이 돼서야 그녀에게 연락했다. 그는 런던에서 공연되는 바그너의 오페라 〈플라잉 더치맨〉을 보러 가지 않겠냐고 물었다. 그때까지 제인은 스티븐의 소식을 듣지 못하고 있었다.

스티븐을 오랜만에 본 제인은 그의 몸 상태가 얼마나 악화되었는지 확실히 알 수 있었다. 그는 비틀거리며 서툴게 걸음을 옮겼고, 몇십 미터밖에 안 되는 거리도 걸어갈 수 없었다. 데이트가 끝날 무렵이 되자 제인은 스티븐의 상태에 대해 더 알고 싶어졌지만 스티븐은 그녀의 질문에 속시원한 대답을 해주지 않았다. 그녀는 모른척하는 것이 최선일지도 모른다고 생각하며 냉정을 되찾으려 했다. 생각해보면 평균 정도 수명의 평균적인 삶을 보장받은 사람은 아무도 없으며, 오늘 완벽하게 건강한 사람조차도 내일 죽을지 모르는 일 아닌가. 그녀는 아무렇지도 않은 듯 신의 존재에 대해 무관심한 스티븐이 염려되었다. 그래서 칼리지 기독교 연합의 도움을 잠시 구해본 적도 있었다. 제인은 스티븐의 무신론이 그들을 파멸로 몰고 갈까봐 두려웠다. 제인의 입장에서는 실오라기 같은 희망이라도 붙들어야 했다. 자신들의 서글픈 처지에 작은 행운이라도 찾아오길 바라며 제인은 믿음을 굳게 유지했다.

스티븐의 몸 상태가 눈에 띄게 악화된 것을 보고 놀란 사람은 제인뿐만이 아니었다. 자신의 아들이 2년밖에 살 수 없다는 말을 들은 프랭크 호킹은 시아머에게 스티븐의 학위논문 지도를 서둘러 달라고 간청했다. 그렇지 않으면 논문을 끝내지 못하고 죽게 될까봐 걱정된다고 호소했다. 하지만, 시아머는 스티븐의 재능과 잠재력을 알고 있지만 그에게 특혜를 주면서까지 논문지도를 서두를 수는 없다고 했다. 스티븐은 아직 자신이 다룰 만한 적당한 문제를 찾지 못했기 때문에 논문 주제도 정하지 못한 채 시간을 보내고 있었다.

스티븐에게 크리스마스 방학은 케임브리지에 대한 실망감에서 잠시 벗어날 수 있는 기회였다. 스티븐과 제인은 프랭크 호킹과 함께 오페라를 보러 갔다. 제인은 스티븐의 가족들이 오페라를 좋아한다는 사실을 알게 되었다. 그 후로 몇 달 동안 스티븐이 일반상대성이론 세미나 때문에 런던에 갈 때마다 제인은 그와 오페라를 보러 갔다. 주말에는 제인이 케임브리지로 찾아가기로 했다. 이들의 만남은 순조롭게 이루어졌지만 문제가 없었던 것은 아니다. 스티븐은 자신의 병에 대해 그 어떤 말도 하지 않으려 했다. 그리고 당연한 일이겠지만 그들의 관계가 오래 지속되리라 생각하지 않았다. 스티븐의 의사는 마침내 그에게서 완전히 손을 뗐다. 그의 몸 상태가 무서울 정도로 빠르게 나빠지는 것을 막을 도리가 없었던 것이다. 그리고 그에게 어떤 희망도 줄 수 없었다. 제인과 스티븐의 관계는 여전히 불확실한 상태였다. 그러던 중 4월이 되자 제인은 한 학기를 보내러 스페인으로 떠났다. 그녀는 스페인에 있는 동안 스티븐에게 자주 편지를 썼지만 답장은 한 번도 받지 못했다.

스티븐의 삶에 먹구름이 잔뜩 끼어 있었지만 1963년 봄학기에는 흥미로운 일이 일어났다. 호일의 대학원생이며 지난 여름학기에 우주론에 대한 호킹의 관심을 자극한 자이안트 날리카가 스티븐의 연구실 근처로 연구실을 옮긴 것이다. 그래서 이들은 자주 물리학에 대해 토론할 수 있었다. 날리카는 호킹에게 호일과 자신이 최근에 관측한 사실(앞에서 언급한 라일의 전파 수 세기 같은)들을 정상우주론으로 설명하기 위해 일반상대성이론에 수정을 가하고 있다고 말했다. 호킹은 이것에 매료되어 날리카의 계산 결과를 열심히 연구했고 자신만의 계산 결과를 도출해냈다.

6월에 프레드 호일은 아직 공개되기 전이었던 날리카와의 최근 연구결과를 왕립학회의 강연에서 발표했다. 강연 후에 통상적인 질의문답 시간이 돌아왔고, 호킹은 호일의 연구결과 중 하나에 공개적으로 이의를 제기했다. 호일은 호킹에게 자신의 결과가 틀렸다는 것을 어떻게 알 수 있었는지 설명해보라고 다그쳤다. 호킹은 자기 나름대로 계산을 해보았다고 자신 있게 대답했다. 강연에 참석한 사람들은 호킹이 그 자리에서 머릿속으로 계산을 한 것이라고 생각했다. 그와 날리카가 학회 전부터 계산 결과에 대해 토론한 것을 몰랐던 것이다. 사람들은 이 무명의 대학원생에 주목하기 시작했다. 그리고 호킹은 여기서 자신의 연구를 위한 몇 가지 주제를 찾을 수 있었다. 팽창하고 있는 우주의 다양한 특성에 대해 연구하겠다고 마음먹은 것이다. 논문을 완성하기에는 아직 구체적이지 않은 주제였지만 그것이 시작이었다.

1963년 여름, 스티븐은 독일 바이로이트에서 개최되는 유명한 바그너 축제에 참가하기 위해 여동생 필리파(당시 필리파는 중국어 전공으로 케임브리지의 입학허가를 받은 상태였다)와 함께 독일로 떠났다. 그때 제인은 가족들과 유럽을 여행하고 있었다. 제인은 베니스에 도착했을 때 스티븐으로부터 온 엽서가 자신을 기다리고 있는 것을 알고 너무 기뻤다. 여름이 끝나갈 무렵 두 가족 모두 세인트 알반스로 돌아왔다. 제인과 스티븐은 이곳에서 행복한 재회를 했고 그들의 관계는 본격적으로 꽃피기 시작했다. 이제 스티븐은 지팡이에 의존할 정도가 되었지만 그 이상 악화되지는 않고 있었다. 스티븐과 제인은 미래를 약속했고, 거기서 그는 새로운 삶의 기쁨과 희망을 발견했다. 스티븐은 가을 학기가 시작할 무렵인 10월에 제인에게 청혼했다. 제인은 기쁘게 그것을 받아들였고, 학위를 마치려던 계획을 아무런 주저 없이 포기했다.

여러 번의 대화 끝에 스티븐은 제인의 아버지인 조지 와일드에게 공식적으로 결혼 승낙을 받았다. 하지만 한 가지 조건이 있었다. 제인이 칼리지를 마쳐야 한다는 것이었다. 스티븐은 자신이 제인에게 부당한 짐이 될 거라고 생각하는 미래의 장인에게, 자신은 제인에게 부당한 일을 요구하지 않겠다고 약속했다. 제인은 나중에 만약 자신의 딸이 스티븐과 비슷한 상황의 누군가를 데리고 온다면 나 역시 어쩔 줄 몰라 했을 거라고 고백했다. 프랭크 호킹은 제인에게 스티븐이 오래 살지 못할 거라고 충고했다. 그리고 스티븐의 병이 아이에게는 유전되지 않을 거라고 안심시키며 원한다면 아이를 최대한 빨리 가져야 한다고 말했다.

제인은 그녀 나이만큼의 순수한 열정으로 스티븐과 결혼하기로 결심했다. 수많은 도전과 불행한 결말이 예상되었지만 그녀는 굴하지 않았다. 제인은 집안일뿐만 아니라 스티븐을 돌보는(시간이 갈수록 점점 더 어려워질 게 분명한) 모든 책임을 기꺼이 받아들였다. 그에 대한 보답으로 그녀가 바라는 것은 스티븐이 자신을 사랑해주는 것뿐이었다. 그리고 그녀가 무슨 일을 하든지 그것을 격려해주는 것뿐이었다. 스티븐은 사람들에게 제인과의 약혼에 대해 이렇게 말하곤 했다. "내 삶을 바꿔 놓았습니다. 저에게 살아갈 의미를 주었지요." 제인은 나중에 이 순수했던 시기를 추억하며 이렇게 말한다.

우리는 핵폭탄으로 수많은 사람들이 죽은, 역사상 가장 끔찍한 광경을 목격했어요. 그리고 그 참상 속에서 어떻게든 살아가야 했던 세대죠. 그런 우리들이 공유하고 있던 생각이 있었어요. 바로 주어진 삶에 최선을 다하고 가슴 속에 품은 이상을 추구해야 한다는 거였죠. 지금 생각하면 순진하게 들릴 수도 있겠지만 60년대에 스티븐과 내가 결혼을 결심할 수 있었던 건 바로 그 정신 덕분이었어요. 우리에게 주어진 것이 무엇이든 최선을 다해 극복해나가자는 거였죠.

운명처럼 빅뱅 연구를 시작하다

스티븐의 병뿐만 아니라 그들의 결혼에는 두 가지 큰 장애가 버티고 있었다. 첫 번째로, 웨스트필드는 학부생이 재학 중에 결혼하는 것을 허락하지 않았다. 하지만 제인의 경우는 예외였다. 결혼이 졸업 후로 미뤄지면 스티븐이 살아 있지 못할 수도 있기 때문에 특별히 허가를 받을 수 있었다. 물론 대가는 있었다. 주중에는 스티븐을 케임브리지에 남겨두고, 제인은 런던의 원룸이나 아파트에서 지내야 했다. 그래서 둘은 주말에만 새집에서 함께 살 수 있었다.

둘째로, 스티븐은 가장으로서 가족을 부양하기 위한 직업이 필요했다. 이를 위해 스티븐은 하루빨리 논문 주제를 찾아 학업을 끝내고 직장을 구해야 했다. 스티븐의 인생에서 처음으로 연구에 최선을 다해야 하는 절박한 이유가 생긴 것이다. 가장 이상적인 직장은 대학의 연구원이었다. 호킹은 나중에 자신이 연구를 좋아한다는 사실을 발견하고 놀랐다고 고백했다. "저는 제가 연구를 즐기고 있다는 사실을 깨달았습니다. 연구를 일이라고 부르는 게 어울리지 않을 정도였지요." 호킹은 호일과 날리카의 중력이론에 대한 수정을 문서화하는 일부터 시작했다. 그리고 출판을 위해 그것을 왕립학회에 제출했다. 하지만 그에게는 여전히 박사논문을 위한 구체적인 주제가 필요했다. 얼마 후 바로 그 주제가 그의 앞에 홀연히 나타났다. 하지만 정상우주론에 관한 것은 아니었다.

우주론은 중력을 연구하는 물리학자들이 발견한 유일한 응용 분야는 분명 아니었다. 1700년대에 존 미첼^{John Mitchell} 목사는 중력이 너무 강력하여 빛조차 벗어날 수 없는 이상한 천체가 존재할 거라고 추측했다. 1916년에 카를 슈바르츠실트^{Karl Schwarzschild}는 이 이상한 천체에 아인슈타인의 일반상대성이론을 적용한 중력방정식을 도출해냈다. 슈바르츠실트의 계산에 따르면, 이 천체의 모든 질량은 상상할 수 없을 정도로 밀도가 높은 하나의 지점으로 빨려 들어간다. 이 지점을 특이점(singularity : 어떤 기준을 상정했을 때 그 기준이 적용되지 않는 점)이라고 한다. 그는 자신의 방정식을 통해 이 신비한 천체의 반지름을 계산해냈다. 이것을 슈바르츠실트의 반지름[●]이라 한다. 그리고 블랙홀에만 있는 특별한 경계구역으로 '사건의 지평선(event horizon)' 이 있다. 이 지평선 안쪽이 블랙홀인데, 일단 지평선 안쪽으로 들어서면 어떤 사물이나 정보, 빛조차도 되돌아올 수 없다. 이 신비한 천체가 바로 그 유명한 블랙홀이다. 아인슈타인과 슈바르츠실트에 따르면, 만약 태양의 반지름이 3km로 줄어들면 태양의 질량은 변하지 않더라도 중력이 더욱 강해지기 때문에 지나가는 빛은 물론 자신이 방출한 빛마저 다시 빨아들이게 된다(태양의 반지름이 3km로 축소된다는 것은 지구의 반지름이 9mm로

● 슈바르츠실트의 반지름(Schwarzschild radius) : 회전하지 않는 블랙홀에 아인슈타인의 중력 방정식을 적용하여 도출한 블랙홀의 반지름. 슈바르츠실트 반지름은 천체의 질량에 비례한다. 지구의 경우 약 1cm가 되며, 태양의 경우는 3km 정도가 된다. 슈바르츠실트 반지름 안에서 방출되는 빛은 밖으로 빠져나오지 못하고 블랙홀로 다시 빨려 들어간다.

아인슈타인의 일반상대성이론을 바탕으로 예측된 천체의 형태. 별이 폭발하면서 반지름이 슈바르츠실트의 반지름 이하로 극단적인 수축을 일으킬 때 밀도가 크게 높아지면서 중력이 굉장히 커진 천체를 일컫는다. 이때 그 안의 중력은 무한대가 되어 그 속에서는 빛과 에너지, 입자 등 어느 것도 탈출할 수 없다. 이때의 중력을 벗어나기 위해 필요한 탈출속력은 빛의 속력보다 커야 한다. 지구의 경우 이 중력이 11Km/s²이다. 초당 11km의 속도 이상을 내지 못하면 지구의 중력권을 벗어날 수 없다. 같은 원리로 질량이 거대해져 벗어나야 할 중력가속도가 약 30만Km를 넘는다면 이론상 빛조차도 빠져나가지 못하게 되는데 이 엄청난 질량을 가진 천체가 블랙홀이다.

줄어드는 것과 같다). 즉 빛이 탈출할 수 없으니 우리 눈에는 검게 보일 것이고, 모든 것을 빨아들이기 때문에 구멍이라 부르는 것이다.

과학자들은 이렇게 이상한 천체가 이론적으로만 존재할 뿐 실제로 존재하지는 않는다고 생각했다. 하지만 1930년대에 수브라마니안 찬드라세카르Subrahmanyan Chandrasekhar와 J. 로버트 오펜하이머J. Robert Oppenheimer 등 여러 과학자들이 죽은 별의 독특한 특성을 발견하면서 이야기는 달라진다. 별의 일생은 근본적으로 두 가지 힘의 섬세한 균형이 어떻게 변하느냐에 따른다. 두 힘 중 하나는 최초에 가스와 먼지로부터 별을 만들어낸 중력이고, 다른 하나는 별의 중심에서 핵융합에 의해 발생하는 에너지다. 하지만 별이 에너지 생산을 중단하면 이 균형이 깨지고 중력이 우세해진다. 다른 어떤 힘이 끼어들어 중력을 거스르지 않는한, 별은 계속해서 붕괴할 수 있다. 이 과정에서 질량이 무거운 별은 특이점을 형성하게 되는데, 과학자들은 별의 시체가 태양의 질량보다 세 배나 더 무거운 것을 밝혀냈다. 따라서 별이 죽으면 그 사체가 블랙홀이 되는 것이다. 또한 아직까지 우주에서 별의 붕괴가 특이점으로 이어지는 것을 막을 수 있는 힘은 없다고 알려져 있다.

1960년대에 아직은 이론상의 천체에 불과한 블랙홀에 대한 이론적인 연구가 활발해졌다. 서구에서는 이 천체를 '붕괴된 별'이라고 불렀고, 러시아 과학자들은 '얼어버린 별'이라고 불렀다. 과학자들과 수학자들은 특히 '특이점이 꼭 존재해야 하는가' 라는 문제를 파고들었다. 상상할 수 없을 정도의 밀도를 가진 붕괴된 별의 중심에서는 가장 기본적인 자연의 법칙조차도 파괴되는 것으로 보였기 때문이다. 따라서 이런 상태를 피할 수 있는 어떤 방법이 우주에 존재할지도 모른다고 생각했던 것이다. 그러나 로저 펜로즈$^{\text{Roger Penrose}}$가 그런 방법은 없다는 것을 증명했다.

1940년대 후반, 펜로즈는 우연히 프레드 호일의 라디오 방송을 듣고 수학과 과학에 대해 관심을 가지게 되었다. 결국 1950년대에 그는 케임브리지 대학 수학과에 연구생으로 들어가 데니스 시아머의 지도를 받았다. 펜로즈는 자신이 시아머로부터 우주론뿐만 아니라 물리학 전반에 대해 많은 것을 배웠다고 존경을 담아 말했다. 또한 자신이 우주론에 대해 열정을 가질 수 있었던 것도 시아머 덕분이라고 했다. 우주론과 물리학에 관심이 많았던 펜로즈는 자신의 수학적 능력을 이용해 특이점 문제를 연구하는 새로운 접근법을 도출해냈다. 1965년 1월,

그는 런던 킹스 칼리지의 세미나에서 특이점은 중력에 의한 붕괴의 일반적인 모습이라고 발표했다. 바로 이것이 최초의 '특이점 정리(singularity theorems)' 였다. 그리고 이것은 호킹의 연구 주제 선택에 결정적인 영향을 미친다.

호킹은 펜로즈의 특이점 정리와 연구실 동료 브랜든 카터[Brandon Carter]의 혁신적인 연구결과 소식을 들은 후 자신이 찾고 있던 문제를 발견했음을 깨달았다. 그는 시아머의 연구실로 가서 이렇게 말했다. "이 얼마나 흥미로운 결과입니까? 우주의 팽창이나 우주의 기원을 밝히는데 특이점 논쟁이 적용될 수 있을 겁니다. 저는 시공간이 시작되는 특이점이 있다는 것을 증명할 수 있습니다." 여기서 시공간이 시작되는 특이점이란 바로 빅뱅이다. 호킹은 이렇게 빅뱅 연구를 시작했다. 그가 품었던 생각은, 시간의 화살을 거꾸로 돌릴 수 있다면 태초의 우주는 특이점이 된다는 것이었다. 혼자서 연구를 하기도 하고, 조지 엘리스[George Ellis]와 함께 공동 연구를 하기도 했다. 호킹은 펜로즈의 접근법을 우주의 다양한 모델에 적용해보았다. 이것이 호킹의 첫 번째 특이점 정리로 이어졌고, 그는 자신의 특이점 정리를 바탕으로 논문의 마지막 장을 완성할 수 있었다. 그 후에도 수년간 호킹은 특이점 정리에 관한 여러 논문을 발표했다. 스티븐은 훗날 이렇게 말했다.

"펜로즈가 특이점 정리를 발표했던 런던의 세미나에 참석하지 못했지만 다음날 그 이야기를 들었어요. 나는 무척 흥분했지요. 그와 비슷한 문제를 생각하고 있었으니까요. 시간의 시초라고 할 과거의 특이점이 있었을까, 그 이전의 우주에 특이점이 있었을까 하고 말입니다. 나는 펜로즈의 방법을 조금 보충해서 일반상대성이론이 옳다면 과거에 '시간의 시초' 라는 특이점이 존재한다는 것을 증명할 수 있었습니다. 특이점 이전에 존재했던 것은 우리의 우주라고 생각할 수 없습니다."

새로운 주제를 발견한 호킹은 연구를 활발히 진행했지만 졸업 후에 안정적인 직장을 구해야 한다는 현실적인 문제도 해결해야 했다. 2월에 호킹은 곤빌 앤 카이우스 칼리지(케임브리지 소속)의 연구원 지원서를 작성했다. 시아머가 그를 위해 추천서를 써주었지만 추천서 한 장이 더 필요했다. 그래서 그는 강의가 끝난 후에 허먼 본디에게 추천서를 써줄 수 있는지 물어보았다. 본디는 정상우주론의 창시자 중 한 명이었다. 그리고 지난 가을 호일과 날리카의 중력이론에 대한 호킹의 논문을 왕립학회에 제출해 준 사람이기도 했다. 본디는 추천서를 써주겠다고 했지만 펠로십 위원회가 본디에게 추천서를 요청했을 때, 웬일인지 그는 호킹을 기억하지 못했다. 시아머가 급히 이 황당한 오해를 해결했고 결국 1965년 10월부터 호킹은 연구원 생활을 시작할 수 있었다.

그해 봄 호킹은 개인이 지원하는 장학금을 신청했지만 지원서의 우편 소인이 접수기한을 넘기는 바람에 그보다 적은 장학금을 받게 되었다. 그래도 얼마 남지 않은 결혼식 비용으로 100파운드를 보탤 수 있었다. 이제 막 과학자가 되는 문턱을 넘어선 호킹은 처음으로 일반상대성이론에 관한 국제 학회에 참석할 기회가 생겼다. 이 학회를 통해 그는 전 세계의 동료 과학자들(훗날 소중한 친구가 되는 캘리포니아 공과대학의 킵 손$^{Kip Thorne}$을 포함하여)과 정보 교환을 시작했다.

물리학계의 뜨거운 논쟁거리는 블랙홀만이 아니었다. 빅뱅과 정상우주론 간의 전쟁도 그 끝을 앞두고 있었다. 마틴 라일을 비롯한 여러 과학자들은 계속해서 전파은하(radio galaxy)와 퀘이사●의 분포를 밝혀냈다. 하지만 이것은 정상우주론의 예측과 일치하지 않았다. 결정적으로 조지 가모브가 빅뱅의 잔존물(지금은 우주배경복사로 알려져 있다)이라고 추측했던 희미한 에너지의 존재가 1964년 미국 뉴저지 벨 연구소의 공학자인 아노 펜지어스$^{Arno Penzias}$와 로버트 윌슨$^{Robert Wilson}$에 의해 우연히 발견되었다(이들은 이 발견으로 노벨 물리학상의 영예를 안았다). 1965년 여름 무렵에는 정상우주론을 지지하는 것이 불가능한 일이 되었다. 데니스 시아머는 시도조차 하지 않았다. 호킹은 이에 대해 이렇게 말했다. "내가 호일의 제자가 되었다면 정상우주론을 지지해야 했을지도 모르는 일이다. 그의 제자가 되지 않은 것은 오히려 다행이었다." 호킹이 빅뱅을 연구 주제로 정한 것이 옳은 선택이었음이 증명된 것이다. 그는 빅뱅이론을 관측 증거로 뒷받침할 수 있게 된 것

● 퀘이사(quasars) : QUASi-stellAR radio source(준성 전파원)의 약자. 준항성체(QUASi-stellAR Object) 중에 전파원을 말한다. 은하의 한 종류로 항성 모양으로 관측되어 이와 같은 이름이 붙었다. 높은 적색편이 값을 갖고 멀리 존재하는 초기 은하의 형태이며, 그 중심에는 활발하게 활동하는 거대 블랙홀이 존재하고 있다.

역시 매우 기뻤다.

이렇게 전도유망한 스티븐은 1965년 7월 14일 제인과 결혼식을 올렸다. 다음날에는 케임브리지의 트리니티 홀 예배당에서 혼배도 드렸다. 짧은 신혼여행 후에 칼리지 학생인 충실한 아내와 함께 스티븐은 국제적인 물리학자 호킹 박사로서의 새로운 삶을 시작했다.

사람들은 저를 천재로 생각합니다.
그러면서 IQ가 얼마인지 궁금해하지요.
저는 IQ 따위에는 관심이 없습니다.
IQ를 자랑하는 사람들은 패배자라고 생각합니다.

− 스티븐 호킹

운명과 맞선 순간 삶이 시작되다

매우 간소하고 수수한 1주일간의 신혼여행을 마친 후, 호킹 부부는 처음으로 낭만적인 비행에 나섰다. 이것은 순전히 일 때문이었는데, 스티븐이 뉴욕의 코넬 대학에서 열리는 일반 상대성이론에 관한 여름학교에 참여하기 위한 것이었다. 거기서 스티븐은 그 분야의 선도자들과 가치 있는 교류를 할 수 있었고, 최근에 생겨난 자신의 명성에 대한 기반을 다질 수 있었다.

스티븐의 요청으로 그들 부부는 스티븐의 병에 대한 대화를 나누지 않았다. 하지만 그와는 상관없이, 제인은 코넬 대학에서 생활하던 중 스티븐의 병에 대한 심각한 진실을 목격했다. 어느 날 저녁 친구들과 대화를 나누고 쌀쌀한 바람을 맞으며 돌아온 스티븐은 루게릭병의 가장 흔한 증상 중 하나인 질식 발작을 일으켰다. 그 순간 제인은 그것을 처음 보았던 것이다. 충격을 받은 제인은 스티븐이 자신의 등을 세게 쳐달라는 몸짓을 할 때까지 아무것도 할 수가 없었다. 제인은 나중에 이렇게 기록한다.

"그 병은 악마 같은 본성이 있어서, 아주 극적인 방법으로 자신의 존재를 드러냅니다. 몸을 움직이기 어렵다거나 하는 문제는 사소해 보일 정도로 말입니다."

이것이 그들이 직면한 심각한 삶의 현실이었다. 1965년 10월에 스티븐은 곤빌 앤 카이우스 칼리지에서 새로운 자리를 얻었다. 그들 부부는 스티븐이 혼자 걸어 다닐 수 있을 정도로 연구실에서 가까운 작은 집을 칼리지의 지원금 없이 어렵게 찾아냈다. 주중에는 제인이 칼리지를 다니느라 웨스트필드에 머물렀기 때문에 스티븐은 혼자서 생활을 꾸려나가야 했다. 제인은 금요일이 되어서야 집으로 돌아와 바로 집안일을 돌보고 스티븐의 논문을 타이핑해주었다. 그리고 월요일 아침마다 다시 웨스트필드로 떠나야 했다. 한편, 스티븐은 다른 동료들과 비교했을 때 자신의 수학 실력이 부족하다는 것을 너무나 뼈저리게 알고 있었다. 그는 수학적 기반을 다지는 동시에 돈도 벌수 있는 기발한 방법을 생각해냈다. 칼리지에서 학부생들의 수학 과정을 지도하는 것이었다. 그는 그 과정에서 자신에게 부족한 부분도 스스로 보충했다.

호킹 부부는 자신들의 삶을 정상적으로 유지하려고 최선을 다했지만 스티븐의 몸 상태가 점점 악화되고 있었다. 게다가 장애인을 위한 시설 부족은 그들의 행복을 방해하려는 음모로 느껴질 정도였다. 어느 일요일 오후, 호킹 부부는 앵글시 수도원을 구경하러 집을 나섰다. 하지만 이 단순한 관광은 처절한 체력소모로 변질되고 말았다. 스티븐의 몸 상태에도 불구하고 수도원 관리인은 수도원에서 8백 미터나 떨어져 있는 공공주차장에 주차해야 한다는 원칙을 고수했던 것이다. 얼마 뒤 제인은 그 관리인을 감독하고 있는 내셔널트러스트에 항의 편지를 썼다. 이 사건 이후 제인과 스티븐은 장애인의 권리옹호를 위한 활동을 시작했다.

스티븐은 여동생 메리의 권유에 따라 12월에 마이애미에서 열린 천체물리학회에 참석했다. 스티븐의 질식 발작이 훨씬 더 심해져서, 메리는 따뜻한 햇볕이 내리쬐는 날씨가 그에게 잠시나마 휴식이 될 거라고 생각했던 것이다. 학회가 끝나고 호킹 부부는 텍사스에 있는 대학원 동창 조지 엘리스 부부의 집에서 일주일간 머물렀다. 그리고 크리스마스에 맞춰 집으로 돌아왔다가, 곧 그 집의 임대 기간이 끝나자 근처의 새로운 집으로 이사를 했다. 스티븐의 몸 상태를 고려해 연구실에서 조금 너 가까운 곳에 집을 얻었다.

그해 겨울 이들 부부에게는 큰 행운이 찾아왔다. 스티븐의 논문 〈특이점과 시공간의 기하학Singularities and the Geometry of Space-Time〉이 애덤스상(賞)을 공동수상한 것이다. 이 유명한 수학 상은 케임브리지 대학의 세인트존스 칼리지 주최로 존 코치 애덤스(John Couch Adams: 해왕성의 공동 발견자)를 기리며 국제적인 수준의 연구를 한 영국의 젊은 과학자에게 수여하는 것이었다. 데니스 시아머는 제인에게, 스티븐은 분명 아이작 뉴턴에 버금가는 명성을 얻게 될 거라고 자랑스럽게 말했다. 1966년 3월에는 스티븐의 박사학위 취득을 축하하는 파티가 열렸다. 그는 또한 케임브리지 외곽에 있는 천문학 연구소의 새로운 회원이 되었다.

그해 봄에 제인 역시 칼리지를 졸업했다. 그녀는 졸업시험에서 최고 점수를 받지는 못했지만 대학원에 진학할 수 있을 정도로 높은 점수를 받았다. 그녀는 케임브리지에서 생활하는 동안 학자의 부인들이 자신의 잠재력을 발휘하지 못해 괴로워하는 것을 지켜봐왔다. 그래서 그녀는 스티븐에게 도움이 되기 위해, 학자로서 자신만의 정체성과 목표를 찾으려 했다. 제인은 이를 위해 박사과정을 밟으려는 계획을 세웠고 도서관의 책들만 가지고도 쉽게 연구할 수 있는 분야를 선택했다. 이 또한 스티븐의 상태를 고려한 불가피한 선택이었다. 그녀가 선택한 분야는 바로 중세 스페인 문학비평이었다. 그녀는 케임브리지에서는 3년 안에 학위를 받을 수 없을 거라는 것을 알고, 웨스트필드 칼리지의 모교인 런던대학에 남기로 했다.

천재성은 빛났지만 불안정한 삶

제인이 전공으로 스페인 문학을 선택한 것은 현명한 결정이었다.제인이 임신을 하고 스티븐의 상태는 악화되어 도움이 더 많이 필요하게 되었기 때문이다. 스티븐은 아버지의 충고에 따라 일주일에 한 번씩 비타민B 주사를 맞기 시작했다. 간호사가 매일 아침 기꺼이 집을 방문해 주사를 놓아주었지만, 스티븐은 손가락이 굽기 시작해 손으로 글씨를 쓸 수 없는 지경에 이르렀다. 데니스 시아머는 스티븐의 병이 진행되는 속도를 늦춰야 한다고 생각했다. 그는 물리학 연구소를 설득해서 스티븐이 일주일에 두 번씩 물리치료를 받을 수 있도록 지원금을 받아냈다.

3월에 제인과 메리 호킹은 런던대학에서 공식 학위를 받았다. 메리는 미국 동부에 일자리를 얻었고 제인은 박사학위 논문 작업을 미루었다. 곧 엄마가 될 예정이었기 때문이다. 1967년 5월 28일, 로버트 조지 호킹이 예정일보다 2주 빠르게 세상에 태어났다. 로버트는 태어난 지 두 달도 채 되지 않아 대서양을 건너게 되었다. 아버지인 스티븐이 시애틀에서 7주 동안의 여름학교에 참여하게 되었기 때문이다. 그 다음에 호킹 가족은 버클리의 캘리포니아 대학에 2주간 머물렀고, 메리 고모와 스티븐의 어린 시절 친구인 존 맥클레나헨에게도 방문했다.

호킹 가족은 4개월 후 기쁜 소식과 함께 케임브리지로 돌아왔다. 스티븐의 연구원 자격이 2년 더 연장된 것이다. 당시 스티븐의 연구는 매우 중요한 결실을 맺고 있었고, 그의 명성 역시 멀리 퍼지고 있었다. 펜로즈가 특이점을 연구하기 위해 발전시켰던 수학적 방법론을 토대로, 스티븐과 동료들은 빅뱅의 특성과 존재에 관한 증거를 내놓았다.

그와 조지 엘리스는 우주배경복사(우주 최초의 빛으로서 우주팽창과 함께 파장이 길어져 전파의 형태로 우주 공간을 가득 메우고 있다)의 관측으로 빅뱅의 존재를 확인할 수 있다는 것을 증명했다. 그는 또한 로버트 게로치$^{Robert Geroch}$, 펜로즈와 공동 연구를 진행해 특이점 정리를 다양한 물리적·수학적 문제에 적용시켰다. 호킹은 이에 대해 나중에 이렇게 회상한다. "모든 분야가 실제로 우리의 분야가 된다는 것은 영광스러운 느낌이었습니다." 그들은 우주에 시공간의 탄생인 최초의 특이점이 존재한다는 것을 증명했다. 호킹과 펜로즈는 시간의 탄생에 관한 공동 논문으로 1968년에 중력연구재단에서 수여하는 두 번째로 영예로운 상을 차지했다. 그리고 그들의 특이점 정리를 한 데 모은 최종적인 논문은 1970년 왕립학회지에 게재되었다. 호킹은 그 논문이 증명한 것에 대해 다음과 같이 요약했다. "빅뱅 특이점은 일반상대성 이론이 옳다는 것과 우주는 우리가 관찰하는 것보다 훨씬 더 많은 물질들로 구성되어 있음을 증명한다."

그의 천재성이 그 어느 때보다 밝게 빛나는 시기였지만, 지속적으로 고용이 유지될지는 장담할 수 없었다. 그의 연구원 재직기간이 이미 한 번 연장되었기 때문에 더 이상의 연장은 힘들었다. 결국 호킹은 1969년에 그 자리에서 물러나야만 했다. 악화된 몸 상태와 잘 알아들을 수 없는 목소리 때문에 강단에 서기도 힘들었기 때문이다. 그의 오랜 친구인 데니스 시아머와 허먼 본디가 호킹을 돕기 위해 나섰다. 킹스 칼리지에서 호킹에게 상임 연구원 자리를 제안했다는 소문을 퍼트린 것이다. 그러자 곤빌 앤 카이우스 칼리지에서는 라이벌 대학에서 그들의 떠오르는 스타를 훔쳐 가기 전에 6년짜리 특별 연구원 자리를 제안했다.

한편, 호킹의 집에서는 제인이 열심히 박사논문을 준비하고 있었다. 그녀의 어머니와 이웃의 보모가 육아를 도와준 덕분이었다. 1970년 초에 제인은 둘째 아이를 임신하여 또다시 공부를 중단한 채 출산과 육아에 헌신했다. 호킹과 제인은 그들이 임대한 집을 은행 융자를 보태 살 수 있을 정도를 돈을 모았다. 그러나 그 집은 지은 지 2백 년이 넘어서 대대적인 공사가 필요했다. 공사가 끝나고 한 달 후, 11월 2일에 루시 호킹이 태어났다. 신생아를 돌보면서 점점 장애가 심해지는 남편까지 돕는 것은 힘든 일이었다. 그때까지 스티븐은 혼자서 계단을 올라갈 수 있었지만, 이제는 걸음이 너무 불안정해져서 결국 휠체어에 의지해야 하는 상황이 되었다. 아침에 옷을 입고 밤에 옷을 벗는 일 역시 느리고 고된 일과였지만, 스티븐은 혼자 하겠다고 고집을 피웠다. 덕분에 제인은 스티븐의 일에 그다지 신경 쓰지 않고 취침 전에 책을 읽을 귀중한 시간을 가질 수 있었다.

방향의 전환을 꾀하다 : 블랙홀

1970년 이전까지 스티븐의 주된 관심사는, 붕괴된 별의 특이점에 관한 펜로즈의 연구를 우주의 탄생과 빅뱅 특이점에 적용하는 것이었다. 존 휠러가 순간적인 천재성을 발휘하여 '블랙홀'이라고 이름 붙인 그것이 바로 붕괴된 별의 특이점이다. 펜로즈와의 최종 논문을 완성한 후에 호킹은 점점 흥미로워지는 분야인 블랙홀로 관심을 돌렸다. 그는 1년 안에 블랙홀의 세 가지 다른 면모에 대한 독창적인 세 논문을 발표했다.

호킹은 완전히 차원이 다른 천체를 제안하면서 다시 한 번 천재성을 발휘한다. 우선 블랙홀은 태양보다 몇 배나 무거운 크기로 죽어가는 별의 붕괴 과정에서 탄생하는 것이 아니라는 것이다. 대신에 호킹은 산 하나 정도의 질량에 양자 한 개의 크기를 가진 원시 블랙홀*을 제안한다. 이 원시 블랙홀은 빅뱅이 있은 직후 엄청난 에너지와 압력에 의해 탄생했다는 것이 호킹의 주장이었다.

호킹의 또 다른 연구 분야는 유일성 정리(uniqueness theorems)였다. 이것은 블랙홀이 놀라운 중력에 비해 비교적 단순무식한 괴물이라는 것을 증명하는 것이다. 물체가 어떤 복잡한 물질들로 이루어져 있든지 상관없이 일단 붕괴 과정을 거쳐 블랙홀이 생성되고 나면, 블랙홀은 오직 세 가지 특징으로만 설명될 수 있다는 것이다. 바로 질량과 총 전하량(존재한다면), 회전(각운동량**)이다. 즉 이론상으로는 무엇이든 블랙홀로 만들 수 있다. 하지만 펭귄으로 만든 블랙홀이든 볼링공으로 만든 블랙홀이든 우리가 관찰할 수 있는 블랙홀의 경계면만

● 원시 블랙홀(primordial black hole) : 빅뱅 직후 생성된 태초의 블랙홀로 아주 작은 크기다. 약 10억 톤의 질량을 갖는 원시 블랙홀의 경우 그 크기는 겨우 양성자만 하다.
●● 각운동량(angular momentum) : 회전운동을 하는 물체의 운동량을 가리킨다. 물체의 운동량과 물체와 회전축 사이의 거리를 곱한 값으로 표현한다.

보고는 블랙홀이 원래 어떤 물질로 이루어져 있었는지 알 수 있는 방법은 전혀 없다. 마치 머리카락이 하나도 없는 대머리와 같은 것이다. 존 휠러는 블랙홀의 이러한 특징을 '대머리 블랙홀(Black holes have no hair)' 이라는 이름으로 정리했다. 호킹도 이러한 특징을 증명하는 데 도움을 주었다.

호킹의 세 번째 발견은 바로 블랙홀과 열역학 사이의 관계라는 가장 예상치 못한 분야에서 이루어졌다. 열역학은 방 안의 공기처럼 무수히 많은 입자 집단의 성질을 통계적인 방법으로 연구하는 학문이다. 열역학의 법칙들은 열에 의한 무질서한 운동, 그리고 서로 온도가 다른 물체들 사이의 열이나 에너지 전달 등을 포함한다. 드메트리오스 크리스토둘루Demetrios Christodoulou라는 존 휠러의 젊은 대학원생은 블랙홀과 관련된 방정식의 일부가 표준 열역학 방정식과 비슷하다는 신기한 사실을 발견한다. 특히 크리스토둘루는 열역학 제1법칙에 따라 자연계에서 에너지의 총량은 항상 보존되는 것처럼, 블랙홀에서도 어떠한 상호작용을 하든 결코 감소하지 않는 어떤 성질이 있다는 것에 주목했다. 여기서 상호작용이란 블랙홀의 질량과 회전(각운동량) 사이의 관계를 말한다. 그는 이것을 '변하지 않는 질량(irreducible mass)' 이라 불렀다.

열역학 제2법칙에 따르면, 닫힌계에서 엔트로피*는 항상 증가하거나 일정하며 절대 감소하지 않는다. 엔트로피는 물질계의 열적 상태를 나타내는 물리량으로서 무질서의 척도이다. 따라서 제2법칙을 단순하게 설명하면 다음과 같다. '계가 점점 더 무질서해지는 것은 자연스러운 일이다. 만약 이것이 사실이 아니라면 집수리 업자나 청소업체는 망하게 될 것이다.' 엔트로피에 관하여 다르게 해석할 수도 있다. 엔트로피는 어떤 계에서 이미 사라지거나 알 수 없는 정보(마치 물체를 이루는 분자나 원자 배열 및 상태에 대하여 정확하게 알 수 없는 것처럼)가 존재한다는 것을 의미한다. 그리고 이것은 마치 블랙홀의 환원 불가능한 질량과 유사한 특성을 나타낸다. 그렇다면 엔트로피와 블랙홀의 환원 불가능한 질량이라는 유사성은 과연 우연일까? 아니면 보다 깊은 물리학적 연관성을 나타내는 것일까?

대범한 사상가와 견줄 만하다

딸 루시가 태어날 무렵 호킹은 이 문제에 대한 해답의 실마리를 잡는다. 그는 펜로즈에게 블랙홀의 경계에 대한 새로운 정의(오늘날 사건의 지평선으로 알려진)를 제안한다. 호킹의 정의를 간단히 설명하면 다음과 같다. '시공간의 영역 중에서 우주 바깥으로 신호를 보낼 수 있는 영역과 보낼 수 없는 영역 사이의 경계. 우주 바깥으로 신호를 보낼 수

● 엔트로피(entropy) : 자연은 점점 무질서해지려는 경향이 있고, 엔트로피는 무질서의 척도이므로 우주의 엔트로피는 자연의 모든 과정 속에서 증가한다.

없는 영역은 블랙홀의 내부가 될 것이며, 신호를 보낼 수 있는 영역은 블랙홀의 외부가 될 것이다.' 이것은 지금 일반적으로 사용되는 정의다.

루시가 태어난 후의 어느 날 밤, 호킹은 잠자리에 들 준비를 하는 데 걸리는 긴 시간 동안 지평선에 대한 자신의 새로운 정의가 의미하는 바는 무엇인지 곰곰이 생각했다. 그는 지평선이 블랙홀의 중력장에 간신히 빨려 들어가지 않는 광선들로 이루어져 있다는 것을 깨달았다. 벗어나려고 하지만 결코 더 멀어지지 못하고 빨려 들어가지도 않는 광선 말이다. 그는 더 나아가 이렇게 오도 가도 못하는 광선들이 서로 만날 수 없다는 사실을 깨달았다. 왜냐하면 광선들이 서로 만난다는 것은 충돌하여 블랙홀로 떨어진다는 것을 의미하기 때문이다. 따라서 이것은 지평선이 없는 상태가 존재한다는 것을 의미하며, 내부의 특이점이 우주로 노출된다는 뜻이다. 한마디로 벌거벗겨지는 것이다. 하지만 로저 펜로즈는 소위 '우주검열추측(Cosmic Censorship Conjecture)' 이라는 것을 제안했다. 바로 모든 특이점은 지평선 안쪽에 숨겨져 있다는 것이다. 광선들이 서로 충돌하는 것을 막는 유일한 방법은 광선들이 서로 평행하게 움직이는 것일 테고, 더 이상적인 방법은 서로 다른 방향으로 움직이는 것이다. 하지만 이것은 블랙홀에 어떤 일이 일어나든 지평선의 표면적이 항상 증가해야 한다는 것을 의미한다. 이해를 돕기 위해 고슴도치의 가시를 생각해보자. 블랙홀 지평선의 면적이 증가하여 광선들이 다른 방향으로 움직인다는 것은, 고슴도치가 몸을 부풀릴 때마다 고슴도치의 가시가 활짝 퍼지는 것과 비슷하다.

지평선의 표면적에 대한 결론은 무엇이었을까? 호킹은 블랙홀이 어떤 물질을 집어삼키든, 두 블랙홀이 충돌하든, 아니면 블랙홀이 어떠한 방식으로 상호작용하든, 관련된 모든 블랙홀 지평선의 표면적은 증가한다는 사실을 깨달았다. 호킹은 자신의 중요한 발견에 너무 흥분되어 그날 밤 잠을 잘 수가 없었다. 그리고 다음 날 아침 눈을 뜨자마자 펜로즈에게 자신의 발견에 대해 말했다. 그 해 12월 텍사스에서 열린 상대성 천체물리학 심포지엄에서 과학계 역시 그의 위대한 발견을 알게 되었다. 호킹은 지평선 표면의 증가가 분명 엔트로피의 증가와 유사하기는 하지만 단지 유사할 뿐이므로 그 이상으로 심각하게 받아들여서는 안 된다고 조심스럽게 말했다.

호킹은 1월에 중력연구재단에 제출하기 위해 〈블랙홀Black holes〉이라는 제목의 논문을 썼다. 그는 이번에도 1등상을 받지 못했지만 새 차를 살 수 있을 정도의 상금을 받았다. 그의 연구는 계속 깊이를 더해가며 조금씩 전진했다. 호킹은 천문학 연구소의 초청을 받아 영국에 온 산타바바라 캘리포니아 대학의 제임스 하틀James Hartle과 공동연구를 시작했다. 그들은 함께 호킹의 지평선이 움직이는 방식과 물질을 삼키는 블랙홀로 성장하는 방식을 설명하는 일련의 방정식을 도출해냈다. 그의 동료 킵 손은 이렇게 설명한다.

호킹은 대범한 사상가입니다. 그는 급진적인 아이디어 앞에서 후퇴하는 대부분의 물리학자들과는 달라요. 어떤 방향에서든 뭔가 제대로 된 것을 감지하면 저돌적으로 달려들지요. 절대적 지평선 역시 급진적인 아이디어였지만 그는 거기서 될성부른 뭔가를 감지했던 거예요. 그래서 그는 그 아이디어를 기꺼이 받아들였고 결국에는 큰 보상을 받았죠.

이제까지 그의 발견들이 급진적이었던 탓에, 과학계의 누구도 그가 다음에는 또 어떤 대범한 방법으로 천재성을 발휘할지 예상할 수 없었다.

인류가 이룩한 가장 위대한 성과는 대화를 통해 이루어졌습니다.
또 최대의 실패는 대화를 하지 않았기 때문에 발생했습니다.
그러므로 우리가 해야 할 일은 계속 대화하는 것입니다.

― 스티븐 호킹

스티븐이 모든 것을 바꾸었다 : 블랙홀 논쟁

스티븐의 몸 상태는 조금씩 악화되어갔고, 그와 제인은 영국사회에 견고하게 자리잡은 장애에 대한 편견과 싸워야 했다. 1970년에 만성질환과 장애인에 관한 법률이 통과되었지만 정부가 법의 실행에 늑장을 부리는 바람에 그들의 삶에 즉각적인 변화가 나타나지는 않았다. 스티븐과 그의 가족은 좀 더 풍요롭고 정상적인 삶을 위해 가족여행을 다녔지만, 그 때마다 항상 인도와 차도를 경계 짓는 높은 연석이나 계단과 싸워야 했다.

한 번은 스티븐이 오페라를 관람하기 위해 코벤트 가든에 있는 왕립오페라하우스를 찾았다. 그런데 그의 좌석은 두 사람이 그를 들어서 옮겨주지 않으면 접근할 수 없는 자리였다. 장애인의 권리를 확보하기 위해 호킹은 끊임없이 문제를 제기하고 하나씩 개선해나갔다. 결국 예술극장과 영화관은 휠체어를 위한 지정석을 마련했고, 영국국립오페라와 대경기장 또한 휠체어를 수용할 수 있는 공간을 마련했다. 심지어 대학 캠퍼스도 점차 접근이 용이한 장소로 변해가고 있었다. 제인 호킹은 나중에 이렇게 말했다. "신기하게도 장애인에 대한 시의회의 태도가 스티븐의 명성이 높아지는 속도에 맞춰 빠르게 달라지더군요."

호킹은 블랙홀 분야에 성공적으로 안착했다. 많은 과학자들이 그의 연구에 관심을 가졌지만 그중에서도 호킹의 연구를 흥미롭게 지켜봤던 사람이 있었다. 바로 존 휠러 밑에서 연구하던 프린스턴의 대학원생인 제이콥 베켄스타인Jacob Bekenstein이었다. 베켄스타인은 그의 지도교수와 마찬가지로 블랙홀 무모가설*의 결론에 불만을 가졌다. 무모가설에 따르면 블랙홀을 형성하는 모든 물질에 대한 정보는 손실된다(질량과 전하량, 각운동량만 제외하고). 물론 나중에 블랙홀로 빨려 들어가는 물질의 경우에도 마찬가지일 것이다. 하지만 누군가가 블랙홀 속으로 약간의 엔트로피를 던져 넣는다면 어떨까? 그러면 우주의 엔트로피는 감소하고 블랙홀의 엔트로피는 증가할 것이다. 하지만 무모가설이라는 것이 우리가 블랙홀의 속을 들여다볼 수 없다는 뜻이기 때문에 확실히 알 수 있는 방법은 없다.

베켄스타인은 호킹의 열역학 유추를 한 단계 더 발전시키기로 결심했다. 그리고 그는 논문에서 블랙홀의 표면적은 블랙홀 엔트로피의 척도라는 급진적인 주장을 펼쳤다. 결국 열역학 제2법칙(열은 높은 온

● 무모가설(無毛假說) : 일반적으로 블랙홀은 질량, 각운동량, 전하량이라는 세 가지 정보를 가진다. 이 세 가지를 각각 하나의 털로 보았을 때, 이 세 가지를 제외한 정보는 블랙홀이 되면서 소멸한다는 가설이다.

도에서 낮은 온도로만 이동한다)을 블랙홀에 적용하는 것이 가능하다는 것이다. 그러나 베켄스타인의 논리에는 심각한 오류들이 많았다. 만약 블랙홀이 엔트로피를 가지고 있다면 온도도 가지고 있어야 한다. 그런데 절대영도가 아닌 이상, 온도를 가진 모든 물체는 복사를 한다. 예를 들어, 인간의 몸은 그렇게 뜨겁지 않아서 가시광선을 방출하지는 않는다. 하지만 적외선 파장을 감지할 수 있는 야간투시경을 통해 본다면 우리 몸도 적외선 영역에서 복사를 한다는 것을 분명히 알 수 있다. 문제는 블랙홀은 중력이 너무나 강력해서 빛조차 벗어날 수 없는 천체라는 것이다. 그런 천체가 어떻게 복사를 할 수 있겠는가? 이것은 분명히 불가능했다(베켄스타인 스스로도 인정했듯이).

호킹은 베켄스타인의 주장에 공개적으로 화를 냈다. 그는 그것이 '사건의 지평선 표면적 증가에 대한 발견을 오용하는 것' 이라고 믿었다. 호킹은 1972년 8월 프랑스 알프스에서 열린 블랙홀에 관한 레우쉬 여름학교에 참석했을 때, 그곳에 참석한 베켄스타인에게 자신의 불쾌함을 분명하게 표현했다.

강연 사이사이의 빈 시간에 호킹은 예일대학의 제임스 바딘[James Bardeen]과 그의 천문학 연구소 동료인 브랜든 카터와 함께 팀을 이뤄 블랙홀 역학에 관한 결정적인 논문을 발표했다. 마침내 그들은 블랙홀 역학의 네 가지 법칙을 도출해냈다. 놀랍게도 그것은 열역학의 네 법칙과 거의 동일해 보였다. '지평선 표면적' 을 '엔트로피' 로, '지평선 표면중력' 을 '온도' 라는 말로 교체하기만 하면 말이다. 표면중력이란 간단히 설명해서 지평선 바로 위에 가만히 서있는 누군가가 느끼는 중력의 강도이다. 세 사람은 이것이 그저 유사함에 불과하다는 것을 조심스럽게 강조했다. 그리고 다음 해에 발표된 최종 논문에서 그들은 단호하게 블랙홀 역학의 네 가지 법칙은 열역학의 네 법칙과 비슷하지만 거리가 있다고 밝힌다. 그러나 베켄스타인은 둘 사이에 실제로 연관관계가 있다는 것을 그 어느 때보다 확신했다. 물론 블랙홀에는 온도가 있고, 따라서 복사한다고 주장할 정도로 자신의 생각을 맹신하지는 않았지만 말이다. 베켄스타인의 지도교수는 최선을 다해 그를 선동했다. "블랙홀 열역학은 무모하다. 하지만 어쩌면 무모하기 때문에 사실일지도 모른다."

1973년 1월 호킹의 오랜 친구이자 동료인 조지 엘리스와 작업해 온 프로젝트가 완성되었다. 시간과 공간의 구조에 대해 구체적으로 다룬 책으로, 반지름이 10^{-13} cm인 소립자에서부터 반지름이 10^{28} cm인 우주전체까지 광범위하게 다루고 있었다. 이 책은 애덤스상을 수상한 호킹의 논문을 바탕으로 하였으며 저자들의 지도교수인 데니스 시아머에게 헌정되었다. 그리고 그 책은 과학계의 고전이 되었다. 비록 호킹 본인은 그 책이 매우 전문적이고 잘 읽히지 않는 책이라고 평했지만 말이다.

호킹의 집안에도 변화가 일어나고 있었다. 그의 장남 로버트가 학교에 입학했는데, 수학에서는 뛰어났지만 아버지를 닮아 읽기는 늦게 터득했다. 제인은 난독증이 아닐까 의심했다. 그래서 그녀는 로버트가 자신에게 맞는 특화된 교육을 받으려면 사립학교에 들어가야 한다고 생각했다. 하지만 스티븐이 곤빌 앤 카이우스에서 받는 월급과 천문학 연구소, 응용수학·천체물리학과에서 받게 된 연구보조금을 모두 합쳐도 학비를 감당할 수 없었다. 그런데 고맙게도 스티븐의 아버지가 도움을 주었다. 그는 스티븐과 제인에게 집을 사주고 세를 놓아 월세를 받을 수 있도록 하여 재산 상속을 늘려주었다.

블랙홀이 폭발한다고?

과학자로서 호킹의 경력은 책의 출간과 함께 새로운 국면에 접어들었다. 그는 전통적인 일반상대성이론에서 양자중력으로 연구 방향을 바꿨다. 양자중력은 일반상대싱이론(중력과 시공간 구조에 대한 연구)과 양자역학(원자나 그보다 더 작은 단위에서의 물질의 행동)을 실험적으로 결합한 분야였다. 따라서 양자중력 분야는 아직 해결해야 할 여러 문제들이 존재했다. 하지만 이론물리학자인 홀리 그레일Holy Grail이 말하듯 물리학자들은 일반상대성이론과 양자역학의 완전무결한 결합을 '모든 것의 이론(theory of everything)' 으로 여겼다. 빅뱅은 두 이론이 주장하는 공통적인 자연계 현상의 중요한 예시가 된다. 즉 빅뱅은 우주를 하나의 덩어리로 간주하며(일반상대성이론) 우주 안에 존재하는 모든 물질과 에너지의 근원(양자역학)을 다루고 있다. 거시세계의 원리인 일반상대성이론과 미시세계의 원리인 양자역학이 결합되어 있는 또 다른 현상은 바로 호킹의 원시 블랙홀이다. 원시 블랙홀은 일반상대성이론에서 도출된 천체이지만 작은 크기(양자 하나 정도의 크기) 때문에 양자역학의 분야이기도 하다. 호킹은 로저 펜로즈와의 연구를 통해 특이점에는 일반상대성이론이 적용되지 않는다는 것을 보여줬다고 생각했다. 따라서 다음 단계는 당연히 매우 큰 대상의 이론인 '일반상대성이론'을 매우 작은 대상의 이론인 '양자역학'과 조합하는 것이었다. 결국 블랙홀에 양자역학을 적용하는 것은 호킹의 연구가 진화하는 과정에서 당연한 수순이었던 것이다.

이 새로운 연구 방향에 대한 기초 작업은 1973년 8월과 9월에 이루어졌다. 스티븐과 제인은 전설적인 폴란드의 천문학자인 니콜라우스 코페르니쿠스Nicolaus Copernicus 탄생 500주년을 기념하는 학회에 참석하기 위해 아이들을 두고 폴란드의 바르샤바로 떠났다. 이어서 그들은 러시아의 유명한 이론가인 야콥 젤도비치Yakov Zeldovich를 만나기 위해 킵 손과 함께 모스크바로 갔다.

젤도비치의 제자인 알렉세이 스타로빈스키Alexei Starobinsky는 자신의 지도교수와 함께 진행하고 있는 연구에 대해 자세히 설명해주었다. 그들의 연구는 그들 나름의 방식으로 일반상대성이론과 양자역학을 부분적으로 결합하여, 회전하는 블랙홀의 경우에는 블랙홀도 빛을 낼 수 있다는 가능성을 증명하려는 것이었다. 그들의 의견에 따르면, 블랙홀의 회전 에너지가 전환되어 빛이 방출될 수 있다는 것이다. 빛을 방출함에 따라 블랙홀의 회전은 점차 느려지고, 결국에는 회전과 복사를 모두 멈추게 된다. 호킹은 이 아이디어가 흥미롭다고 생각했지만 그들의 증명을 믿을 수가 없었다. 호킹은 이렇게 말했다.

"만약에 블랙홀이 엔트로피를 가진다면 당연히 온도를 가져야 하고 또 그렇다면 블랙홀은 복사를 해야 합니다. 그러나 블랙홀로부터는 아무것도 빠져 나올 수 없을 텐데 어떻게 복사를 할 수 있을까요?"

특히 그들이 양자효과를 일반상대성이론에 도입하기 위해 사용한 방법을 확신하지 못했다. 그는 케임브리지로 돌아가서 스스로 그 문제를 해결해보겠다고 생각했다.

호킹은 블랙홀 복사에 대한 매력적인 연구거리를 가지고 집으로 돌아왔지만, 신체적 한계가 다시 한 번 그의 발목을 잡게 된다. 이제 상태가 더 악화되어 주위 사람들이 그의 말을 이해하기 힘들 정도였다. 식사와 목욕 등의 일상적인 활동조치 다른 사람의 도움 없이는 불가능했다. 특히 물리치료의 한 방법으로 계단 오르기를 열심히 해야 했지만, 이제는 혼자 계단을 오르는 일이 점점 더 힘들어지고 있었다. 하지만 어쩌면 이러한 일들이 호킹에게는 오히려 더 잘 된 것이었는지도 모른다. 호킹의 어머니 이사벨 호킹은 이렇게 말한 적이 있다.

"만약 그가 거동이 자유로웠다면 그렇게 집중력을 발휘하여 한 문제에 골몰할 수 있었을까요? 물론 그런 병에 걸려서 다행이라고 말할 수는 없지요. 하지만 스티븐에게 그것은 다른 사람들보다 덜 불행한 일이었음이 분명해요. 그의 두뇌만큼은 자유롭고 아주 많은 일을 할 수 있었으니까요."

호킹은 새로 발견한 이 흥미로운 연구 주제를 앞에 두고 자신에게 양자역학에 대한 지식이 전혀 없다는 것을 깨달았다. 일단은 양자이론에 의해 지배되는 입자와 장들이 블랙홀 주변에서 어떻게 움직이는지 계산해보았다. 그런데 호킹은 자신의 계산 결과에 놀라움을 금치 못했다. 건방진 베켄스타인이 옳았던 것이다. 호킹이 이 계산을 통해 발견한 것은 블랙홀이 입자의 형태로 복사를 한다는 것이었다. 그것은 블랙홀이 온도를 가지고 있다는 뜻인 동시에, 그와 바딘과 카터가 그저 유사할 뿐이라고 강조했던 블랙홀 역학의 네 가지 법칙이 실제로는 숨겨진 블랙홀 열역학 법칙이라는 것을 의미했다.

나중에 호킹은 이렇게 말했다. "저는 베켄스타인의 의견이 잘못되었음을 증명하려고 했습니다. 제가 찾고 있던 것은 블랙홀에서 빠져나오는 입자들이 아니었어요. 저는 베켄스타인의 발견이 제 이론을 와해시키는 것이었기 때문에 화가 났습니다. 그 발견을 무효화하려고 최선을 다했지요."

호킹의 계산은 복사가 존재한다는 사실만을 설명할 뿐, 복사의 메커니즘을 설명하지는 못했다. 그래서 호킹과 여러 과학자들은 바로 이 호킹 복사●의 메커니즘을 알아내기 위한 연구를 진행했다. 아마 호

● 호킹 복사(Hawking radiation) : 블랙홀이 사실상 온도를 가지고 있고 복사를 한다는 호킹의 예측. 블랙홀의 질량이 작을수록 온도는 더 높고 복사는 더 커진다.

킹 복사를 이해하는 데는 가상 입자(virtual particle)들을 살펴보는 게 가장 빠른 방법일 것이다.

아인슈타인의 특수상대성이론에 따르면 질량은 에너지로 변환될 수 있고(원자폭탄처럼) 에너지는 질량으로 변환될 수 있다. 에너지가 질량으로 변하는 예 중 하나가 바로 입자-반입자의 쌍생성(pair creation)이다. 여기서 쌍이란 하나의 입자와 그것과 성질이 대칭되는 물질인 반입자(antiparticle)의 쌍을 말한다. 양자역학에 따르면, 공간은 가상입자와 반입자로 채워져 있고 이들은 쉴 새 없이 쌍으로 생성되어 서로 멀어졌다가 다시 가까워져서 소멸하는 과정을 거듭한다. 매우 짧은 시간 안에 빌려온 에너지를 다시 갚기만 한다면 무에서 에너지를 창출하는 것도 가능하다. 이것을 하이젠베르크의 불확정성 원리*라고 부른다.

이것은 이자가 없는 것만 제외하면 은행 대출과 비슷하다. 하지만 상환기한은 절대적이다! 이때 에너지는 우주의 가장 근본적인 구조인 진공에서 빌려오는데, 이렇게 빌려온 에너지가 입자-반입자 쌍으로 전환된다. 이 같은 일은 우주에서 매일 매초마다 무작위로 일어난다.

• 불확정성 원리(uncertainty principle) : 양자역학의 원리로 입자의 '위치와 운동량' 또는 '에너지와 지속시간'을 동시에 정확하게 아는 것은 불가능하다는 원리. 양자역학에서는 한 현상을 설명할 때 입자의 측면과 파동의 측면을 고려한다. 여러 물리적 양을 측정한 결과가 반드시 확정된 값을 가지는 것은 아니며, 서로 다른 여러 값이 각각 정해진 확률을 가지고 얻어진다는 것이다. 따라서 양자역학적 관점의 세계에서 입자의 위치와 운동량은 확실하게 결정되어 있지 않다.

1분의 시간이 지나고 나면 입자-반입자 쌍은 다시 에너지로 전환되면서(빚을 갚으면서) 소멸한다. 이것이 매우 비현실적으로 들리겠지만 실험으로 증명된 사실이다.

블랙홀 지평선 바로 바깥에서 입자-반입자 쌍이 생성되었다고 가정해보자. 만약 두 입자 중 하나가 블랙홀로 빨려 들어가면, 남아 있는 입자는 에너지로 돌아갈 시간이 되었을 때 다른 입자와 함께 소멸할 수 없다. 그리고 에너지 빚은 갚지 않은 상태로 남게 된다. 이때 외부의 관찰자 입장에서는 소멸되지 않고 남아 있는 입자가 블랙홀에서 새어나온 것으로 보인다. 바로 이 때문에 블랙홀이 입자의 형태로 복사를 하는 것으로 보인다. 그런데 애초에 입자가 생성되려면 어디서부터든 에너지가 필요하다. 이때 바로 블랙홀이 필요한 것이다. 하지만 두 입자 중 하나가 블랙홀로 빨려 들어가는 바람에 입자-반입자 쌍은 블랙홀에 에너지 빚을 갚지 못한다. 이러한 일이 반복되다 보면 블랙홀의 에너지 또는 질량은 계속 감소하게 되고 에너지가 0이 되면 블랙홀도 소멸한다.

호킹의 방정식에 따르면 블랙홀의 복사율은 블랙홀의 질량에 반비례한다. 블랙홀이 무거울수록 복사는 더 느려지는 것이다. 그는 태양과 같은 질량을 가진 블랙홀을 자신의 방정식에 대입했다. 계산 결과에 따르면 복사가 매우 느리게 일어나기 때문에 이 블랙홀의 일생은 우주의 나이보다 훨씬 더 길 것이다. 따라서 우리는 아주 무거운 별의 최종 단계인 블랙홀의 소멸을 관측할 수 없다. 그러나 호킹이 예견했던 질량이 아주 작은 원시 블랙홀의 경우는 상황이 다르다. 이 원시 블랙홀은 질량이 훨씬 더 작기 때문에 우주의 현재 나이와 거의 비슷한 시점에 소멸할 수 있다. 또한 블랙홀의 질량이 감소할수록 복사율은 증가하게 되는데, 질량이 거의 남지 않은 마지막 단계에서는 감마선의 형태로 약 1조 톤 급 핵폭탄과 견줄 만한 에너지를 쏟아내며 폭발할 것이다. 물론 아직까지 이러한 현상이 관측되지는 않았지만 감마선 천문학자들은 이러한 현상을 관측할 수 있을 것이다.

아인슈타인에 이의를 제기하다

호킹은 자신의 아이디어가 얼마나 큰 논란을 일으킬지 잘 알고 있었기 때문에 계산 결과를 확인하고 또 확인했다. 그리고 마침내 자신의 계산이 옳다는 것을 받아들일 수 있었다.

"저는 크리스마스 내내 이 문제 때문에 골치가 아팠습니다. 제 계산 결과와는 달리 블랙홀이 복사하지 않는다는 것을 증명할 방법을 찾아보려 했지만 찾을 수 없었죠. 어떻게 보면 블랙홀 복사의 발견은 페니실린의 발견처럼 우연한 것이었습니다."

잠시 다른 얘기를 해보자면 아인슈타인은 양자역학에 대해 내놓는 예측을 불쾌하게 생각했다. 특히 양자역학의 확률적인 특성에 불만을 가졌다. 양자역학은 어떤 일의 발생 가능성을 예상할 수 있었지만 언제 어디서 발생할지에 대해서는 정확히 말할 수 없었기 때문이다. 예를 들어 우리는 주사위를 던져 1이 나올 확률이 1/6이라는 것을 알 수 있지만, 언제 1이 나올지는 알 수 없는 것이다. 이에 대해 아인슈타인은 '신은 주사위 놀이를 하지 않는다'고 말했다. 이 말을 들은 닐스 보어^{Neils Bohr}가 아인슈타인에게 '신에게 이래라저래라 하지 말라'고 따졌다는 일화는 유명하다. 그런데 이제 호킹이 아인슈타인의 말에 이렇게 딴죽을 건다.

"신은 주사위를 그저 던지기만 하는 게 아니라, 때로는 보이지 않는 곳으로도 던진다. 바로 블랙홀 속으로 말이다!"

호킹은 공식적으로 발표할 준비가 될 때까지 매우 신중했지만 지도교수였던 데니스 시아머에게만큼은 자신의 발견을 털어놓았다. 나중에 이 엄청난 소식이 호킹의 측근들 사이에 퍼졌다. 시아머는 케임브리지의 동료인 마틴 리스^{Martin Lees}를 찾아가 흥분하며 스티븐이 놀라운 발견을 했다고 말해주었다. 1월에는 소식을 들은 로저 펜로즈가 호킹에게 전화를 걸었다. 당시 호킹은 생일 저녁식사로 거위요리를 먹던 중이었다. 호킹은 나중에 펜로즈의 관심이 고맙기는 했지만 그들의 전화통화가 너무 길어져서 요리가 식어버린 것은 아쉬웠다고 농담삼아 털어놨다.

공식적인 발표는 1974년 2월, 데니스 시아머가 주최하고 옥스퍼드의 러더퍼드–애플턴 실험실에서 개최된 제2차 양자중력학회에서 이루어졌다. 호킹의 발표가 끝나자 그 해의 학회 회장이었던 킹스 칼리지의 존 G. 테일러^{John G. Taylor}는 호킹의 발견이 말도 안 된다고 선언했다. 곧이어 이 발견에 대한 호킹의 논문 〈블랙홀 폭발?Black Hole Explosion?〉이 저명한 과학 잡지인 〈네이처Nature〉에 게재된다. 논문 제목의 물음표는 호킹 스스로도 자신의 발견을 완전히 확신할 수 없다는 것을 반영한 것이었다. 이어서 테일러와 P.C.W. 데이비스^{P.C.W.Davies}도 〈네이처〉에 반박 논문을 게재했다. 그들은 블랙홀의 '온도' 개념을 이런 식으로 복사와 연결 짓는 것은 무모하다고 단호하게 주장했다. 블랙홀 복사에 대해 연구했고 호킹의 발견에 자극이 되었던 야콥 젤도비치까지도 회의적이었다. 하지만 나중에 그는 호킹의 연구결과가 옳다는 것을 깨닫게 되었다.

호킹은 발견에 대한 구체적인 논문을 완성했다. 그리고 1974년 3월에 그것을 학술지 〈수리물리학 통신Communications in Mathematical Physics〉에 제출했다. 하지만 그는 어떤 답장도 받지 못했다. 그는 논문이 제대로 접수가 되었는지 알아보기 위해 잡지 측에 연락했다. 잡지 측에서는 그들이 호킹의 논문을 잃어버렸으니 다시 제출해주길 바란다고 말했다. 나중에 호킹의 논문은 그 잡지에 게재되었지만 제출일이 1975년 4월로 잘못 기재되어 있었다. 그 후로 2년 동안 호킹과 여러 학자들은 다양한 방법으로 호킹 복사를 계산해냈고, 마침내 모든 반대자들을 납득시킬 수 있었다. 결국 블랙홀은 괴물처럼 모든 것을 집어

삼키는 존재가 아니라 여느 천체와 마찬가지로 온도를 가지고 있으며, 심지어 호킹 복사를 통해 빛을 밖으로 내보낸다는 사실이 입증된 것이다. 이러한 개념은 '블랙홀은 그다지 검지 않다' 는 호킹의 말로 요약되었다.

블랙홀 복사의 발견으로 호킹은 일류 과학자로서 국제적인 명성을 갖게 되었다. 워너 이즈라엘[Werner Israel]은 그 발견에 대해 이렇게 말했다. "그 발견으로 상상을 초월하는 정밀함과 복잡함에 도달한 전통적인 이론이 유종의 미를 거두게 되었습니다. 그리고 양자라는 새로운 영역으로 가는 문을 열어주었고요." 또한 호킹의 발견은 계산이 거의 그의 머릿속에서 이루어졌다는 사실 때문에 훨씬 경이롭게 여겨졌다. 킵 손은 이렇게 설명한다.

손의 기능을 잃는 속도가 느렸기 때문에 호킹에게는 적응할 수 있는 시간이 많았습니다. 그는 다른 물리학자들과는 다른 방식으로 생각하도록 조금씩 자신의 정신을 훈련시켰던 것이지요. 그는 종이와 연필로 그림을 그리고 방정식을 적어 내리는 대신 머릿속으로 그림을 그리고 방정식을 풀었습니다.

호킹 자신은 이에 대해 훨씬 더 겸손하게 설명했다. "많은 사람들은 수학이 그저 방정식이라는 오해를 하고 있습니다. 사실 방정식은 수학의 지루한 일부에 지나지 않습니다. 저는 유클리드적인 관점으로 사물을 보려고 할 뿐입니다." 호킹은 블랙홀의 복사현상을 발표하고 나서 곧 영국왕립학회의 회원으로 추대되었는데, 이는 매우 영예로운 일이었지만 이제는 그리 놀랄만한 일도 아니었다.

1974년 봄은 호킹 집안에 정말로 행운의 시기였음이 틀림없다. 스티븐이 연구에 큰 성공을 거두고 명예로운 상을 수상한데다가, 그의 아들 로버트는 마침내 사립학교에 갈 수 있게 된 것이다. 게다가 캘리포니아 공과대학에서 스티븐에게 1974년부터 2년짜리 교환교수 자리를 제안해왔다. 많은 수입과 집, 차뿐만 아니라 전동휠체어 등 모든 의학적 비용이 포함된 자리였다. 루시와 로버트를 위한 교육도 포함되어 있었다.

하지만 한 가지 염려되는 것이 있었는데, 바로 스티븐의 전반적인 간호였다. 그 당시 매주 비타민 주사를 맞는 것과 가끔씩 물리치료 받는 것을 제외하고는 스티븐의 간호를 제인 혼자서 도맡아 하고 있었다. 스티븐의 장애가 점점 더 심해졌기 때문에 제인은 남편과 아이들 돌보는 일을 혼자서 감당하는 것이 버겁게 느껴졌다. 스티븐은 나중에 이렇게 회상한다. "아무도 우리를 도와주려고 하지 않았습니다. 그렇다고 도움을 줄 수 있는 사람을 고용할만한 처지도 아니었고요." 게다가 제인은 외부의 도움을 받게 되면 스티븐이 자신의 상태를 심각하게 생각할지도 모른다고 염려했다. 그렇게 되면 연구에 대한 그의 용기와 패기가 약해질 것이 뻔했다. 호킹의 연구에 대한 열정이 그 어느 때보다 강한 시기였기에 더욱 난감한 문제였다. 제인은 안타까워하며 이렇게 말했다.

> 그는 집 안에 틀어박혀 일주일 내내 말 한마디 하지 않을 때도 있었어요. 하지만 그 사람이 그러는 이유가 기분이 언짢아서인지, 병이 걱정되어서인지, 아니면 물리학에 빠져 있기 때문인지 저는 알 수 없었죠. 그러다 어느 일요일 저녁에는 얼굴이 밝아지더니 이렇게 말하더군요. "유레카! 새 방정식을 풀었어."

부활절 휴일이 끝날 무렵, 마침내 제인은 그들의 걱정거리를 한 번에 해결해줄 수 있는 방법을 생각해냈다. 만약 스티븐의 학생이 함께 캘리포니아에서 살게 된다면, 스티븐은 믿을 만한 친구의 도움을 받을 수 있는 것이다. 결국 버나드 카Bernard Carr가 그해 가을에 스티븐과 함께 캘리포니아 공과대학에 가는 데 동의했다.

호킹은 1974년 5월 2일 왕립학회에 추대되었다. 당시에 32살이었던 그는 왕립학회 역사상 가장 젊은 회원이 되었다. 왕립학회가 있는 건물은 장애인의 접근이 용이한 곳이 아니었기 때문에 그는 휠체어에 앉은 채 안으로 옮겨졌다. 왕립학회에 새로 선출된 회원들은 연단으로 걸어 들어가서 공식적인 출석부에 자신의 이름을 적는 것이 전통이었다. 호킹에게는 이 두 가지 일 모두가 난제였다. 노벨 생물학상 수장자인 의장 앨런 호드킨Alan Hodgkin 경은 호킹이 책에 서명할 수 있도록 책을 아래로 가지고 내려왔다. 호킹은 상당히 어렵게 서명을 마쳤다. 마침 그 당시에 미국의 유명한 천문학자인 칼 세이건[Carl Sagan]이 그 옆에 있었다. 그는 그 건물에서 열리는 다른 모임에 참석하려고 와 있었는데 휴식시간 동안 호기심에 그 의식을 구경하고 있었던 것이다. 스티븐이 자신의 이름을 힘겹게 쓰고 나자 우레와 같은 갈채가 터져 나왔다. 그것을 본 세이건은 이렇게 말했다. "스티븐 호킹은 이미 살아 있는 전설이 되었다!"

06

신에게 우주가 어떻게 시작됐는지 알려달라고 애걸할 필요는 없습니다.
그렇다고 신이 존재하지 않는다는 것을 입증해야 할 이유도 없습니다.
다만 신이 필요하지 않다는 것입니다.

— 스티븐 호킹

우주를 완전히 이해할 수 있을까

호킹 일행이 캘리포니아 공과대학으로 떠나기 전에 해결해야 할 문제가 한 가지 있었다. 그동안 스티븐은 물리치료의 일환으로 집 계단을 자주 이용했지만 이제는 그것이 불가능한 시점에 도달한 것이다. 게다가 그들이 살고 있는 집은 늘어난 식구에 비해 너무 비좁아 새집이 필요했다. 다행히 제인은 캘리포니아에서 그들에게 딱 어울리는 대학 소유의 집을 하나 찾아냈다. 전에는 대학원 기숙사로 사용되던 곳으로, 1층만 사용해도 그들 가족이 편하게 지낼 수 있을 정도로 공간이 넓었다. 그리고 평면도 상으로 보았을 때 휠체어로 다니기 쉬운 구조였다. 다른 층은 학생들에게 임대되어 있었지만 독립된 출입구가 있어 문제가 없어 보였다. 그 집의 수리와 임대 문제를 해결한 후 마침내 스티븐 일행은 태양이 내리쬐는 무더운 캘리포니아로 떠났다.

캘리포니아 공과대학에서의 생활이 스티븐에게 가져다 준 변화는 화창한 날씨만이 아니었다. 스티븐은 새로운 동료들, 특히 입자물리학자들과 친밀히 교류했다. 덕분에 새로운 연구 분야를 개척할 수 있었을 뿐 아니라, 이미 연구하고 있던 문제에 대한 신선한 접근도 가능해졌다. 그가 캘리포니아 공과대학에서 만난 창의력이 풍부한 지성 중 하나가 대학원생인 돈 페이지Don Page였다. 호킹과 페이지는 함께 원시 블랙홀이 감마선의 분출로 폭발하는 것을 관측할 수 있을지도 모른다는 내용의 논문을 썼다.

블랙홀 복사에 관한 연구는 호킹이 앞으로 모든 노력을 기울이게 될 더 큰 주제에 대한 첫 단계에 불과했다. 그것은 바로 미시세계의 이론인 양자역학과 거시세계의 이론인 중력(아인슈타인의 일반상대성이론)의 통합이었다. 그리고 최종적으로 그의 목표는 우주를 완전히 이해하는 것이었다. 우주가 현재 이런 모습을 하고 있는 까닭뿐만 아니라 우주의 존재 이유 같은 근원적인 문제까지 밝혀내고 싶었다. 이와 같은 문제에 대해서는 아인슈타인도 같은 고민을 가지고 있었지만 끝내 해결하지 못했다. 문제는 이 두 이론(현대 물리학의 근간이 되는)이 수학적인 면에서나 철학적인 면에서나 근본적으로 양립할 수 없다는 것이었다. 뉴욕 시티 대학의 미치오 카쿠Michio Kaku는 이 문제를 놓고 이렇게 안타까워한다.

자연에는 두 개의 정신이 각각 독립적인 영토를 가지고 완전히 고립된 채 존재하는 것 같다. 왜 자연의 가장 깊은 근원에는 완전히 다른 두 개의 틀이 필요한 걸까? 왜 두 개의 수학과 두 개의 가정과 두 개의 물리적 법칙이 존재하는 걸까?

1970년대 중반 당시에 이 문제에 대한 해결책을 찾는 것은 요원해 보였다. 하지만 제대로 적용하기만 하면 양자중력에 가까이 갈 수 있는 수학적 접근법이 존재했다. 호킹은 개인적으로 이 접근법이 가장 가능성 있는 방법이라고 생각했는데, 그것은 바로 노벨상 수상자 리처드 파인만^{Richard Feynman}에 의해 개발된 '과거의 합'●이었다. 이 접근법은 경로적분(path integrals)이라고 불리는 수학적 방법을 사용하는데, 어떤 사건 A가 다른 사건 B로 이어지는 모든 가능한 방법을 합산하여 A가 B로 이어질 확률을 구하는 것이다. 예를 들어, 한 여행자가 뉴욕에서 LA로 가는 비행기 표를 예약한다고 생각해보자. 이때 두 도시를 연결하는 직항을 선택하는 것이 합리적일 것이다. 하지만 실제로 여행을 해본 사람은 경유지를 거쳐 비행할 수도 있다는 것을 알고 있다. 여행자가 애틀랜타나 시카고, 세인트루이스, 덴버, 미네아폴리스를 거쳐 뉴욕에서 LA로 가는 가능성도 있는 것이다. 런던이나 로마, 홍콩을 거쳐 먼 길을 돌아갈 가능성은 훨씬 희박하다. 하지만 인터넷 여행 상품이 난무하는 시대에 그러한 가능성이 절대 없다고는 말할 수 없다. 그러나 현재의 우주여행 상황을 고려해봤을 때 여행자가 화성이나 목성

● 과거의 합 원리(Sum over histories method) : 리처드 파인만에 의해 개발된 수학적 방법. 양자역학에서 입자들이 처음에서 끝에 도달하는 다양한 경로를 조사하고, 입자들의 상대적 기여를 합산함으로써 사건을 분석한다.

을 거쳐 LA로 갈 가능성은 없다. 호킹과 산타바바라 캘리포니아 대학의 짐 하틀은 이 수학적 기술을 사용해 5장에서 언급한 블랙홀 복사를 개념적으로 쉽게 도출해냈다.

호킹은 캘리포니아 공과대학에서 나중에 또 다른 논쟁이 될 개념을 체계화하는데, 이것이 바로 블랙홀 정보 패러독스(black hole information paradox)이다. 일단 블랙홀이 형성되고 나면 외부에서는 내부에 대한 어떤 정보도 얻을 수 없으며, 오직 세 가지 물리량(질량, 전하량, 각운동량)에 의해서만 표현된다. 한마디로 블랙홀을 이루는 물질에 관한 정보는 그 내부에 안전하게 저장되어 있다. 물론 외부의 관찰자는 이 정보에 접근할 수 없다. 하지만 블랙홀이 복사하는 경우라면 과연 어떤 일이 발생할까?

호킹은 블랙홀이 점차 복사하며 질량을 잃고 소멸할 때, 그 내부의 물리적 정보가 외부로 전달되지 않는다고 주장한다. 결국 내부의 정보는 영원히 사라지는 것이다. 이것을 정보 역설(패러독스)이라고 한다. 정보 역설이 역설로 불리는 이유는, 자연계의 정보는 결코 손실되지 않는다는 양자역학의 원리에 위배되기 때문이다. 호킹은 자신의 논문에서 단호하게 언급했다. "이것은 물리학의 위기다. 왜냐하면 아무도 미래를 예측할 수 없다는 뜻이기 때문이다. 특이점으로부터 무엇이 나올지 알 수 있는 사람은 아무도 없다." 그는 1975년 8월에 이 연구결과가 담긴 논문을 제출했지만, 1976년 11월까지는 받아들여지지도 발표되지도 않았다. 호킹은 처음에 이 논문의 제목을 굵은 글씨로 〈중력붕괴 분야에서의 물리학의 몰락Breakdown of Physics in Gravitational Collapse〉이라고 적었지만, 실제 출간된 논문의 제목은 좀 더 보수적인 〈일반상대성이론으로 설명할 수 없는 문제들Breakdown of Predictability in General Relativity〉이라는 제목으로 발표되었다.

호킹은 다시 한 번 블랙홀에 관한 논쟁의 한가운데에 서게 되었다. 그는 자신의 연구가 양자역학 자체에 근본적인 오류가 있음을 뜻한다고 주장했다. 반면 다른 과학자들은 자연에 대한 우리의 이해가 불완전하기 때문에 그것이 모순으로 보이는 것이라고 주장했다. 하지만 호킹은 자신의 주장을 굽히지 않았다. 이로부터 거의 20년 후에 그는 한 공개강연에서 그의 동료들이 결국엔 자신의 생각에 동의하게 될 거라고 대담하게 선언했다. 그들이 블랙홀 복사를 인정할 수밖에 없었던 것처럼 말이다.

갈릴레이의 명예를 대신 회복하다

호킹이 캘리포니아에 있는 동안 복잡한 계산에만 빠져 있었던 것은 아니다. 호킹과 친구인 킵 손은 장난처럼 내기를 했는데, 이 내기들은 나중에 전설로 여겨지게 된다. 이론가들이 지난 십 수 년 동안 블랙홀의 특성에 대해 열정적으로 연구하고 있었지만, 정작 이 괴물의 존재에 관한 관측 증거는 나오지 않고 있었다. 1966년 러시아의 물리학자인 젤도비치와 구제노프는 〈천체물리학 저널*Astrophysical Journal*〉에 블랙홀이 분광쌍성계(spectroscopic binary star system)에서 발견될 가능성이 존재한다는 내용의 논문을 게재한다.

분광쌍성계에서 우리는 오직 하나의 항성만을 관찰할 수 있고, 쌍을 이루는 항성의 존재는 관찰 가능한 항성에 의해 방사되는 빛의 스펙트럼에 쌍을 이루는 항성이 미치는 영향으로 추측할 수 있다. 특히 두 항성이 어떤 특정한 배열의 궤도로 서로의 주위를 도는 경우가 있다. 이 경우 지구에서 보았을 때 두 항성이 서로 번갈아가며 접근과 후퇴를 반복하는 것으로 보일 것이다. 이때 도플러 효과[*] 때문에 청색편이와 적색편이의 스펙트럼선이 서로 교차되는 것으로 이어진다. 편이의 양과 지속 기간을 사용하여 우리는 두 항성의 질량의 합을 구할 수 있다. 그리고 이를 통해 보이지 않는 항성의 질량을 대략적으로 계산할 수 있다. 별의 죽음에 관한 이론에 따르면, 보이지 않는 항성의 질량이 태양의 질량보다 2에서 2.5배 이상 더 큰 경우 블랙홀이 될 수밖에 없다고 한다. 러시아 과학자들이 기고를 한 목적은 그들이 언급한 특정 천체에 대한 관심을 끌기 위한 것이었다. 그들은 X-선 혹은 어떤 특정한 스펙트럼을 사용해서 붕괴된 별 주위를 순환하는 가스의 움직

[*] 도플러 효과 : 파동을 발생시키는 파원과 그 파동을 관측하는 관측자 중 하나 이상이 움직인다면, 파원과 관측자 사이의 거리가 좁아질 때 파동의 주파수가 더 높게, 거리가 멀어질 때는 파동의 주파수가 더 낮게 관측되는 현상이다. 앰뷸런스의 사이렌 소리, 우주의 배경복사 등에서 볼 수 있다.

임을 알아낼 수 있다고 했다. 그리고 이를 통해 블랙홀을 가지고 있음 직한 항성계를 찾아낼 수 있을지도 모른다고 지적했다. 버지니아 트림블Virginia Trimble과 킵 손은 몇 년 후, 블랙홀을 가지고 있을 것으로 생각되는 한 분광쌍성을 분석한 논문을 〈네이처〉에 게재했다. 2년 후에 호킹과 게리 기본스Gary Gibbons 역시 가능성 있는 분광쌍성을 추가로 제안했다.

1960년대 X-선 천문학의 발전으로 젤도비치와 구제노프의 제안을 사용해 가능성 있는 항성계의 범위를 좁힐 수 있었다. X-선으로 관측을 하려면 대기의 방해를 받지 않아야 하기 때문에 로켓이나 궤도위성이 필요했다. 이렇게 발견된 가장 최초의 유명한 천체가 바로 백조자리 X-1(Cygnus X-1)이었다. 이 우주 공간에서 방사되는 X-선은 1962년에 처음으로 관찰되었다. 1971년에 우후루 X-선 위성이 발사되면서 X-선의 근원지를 더 정확히 파악할 수 있었다. 백조자리 X-1과 쌍을 이루는 청색 초거성인 HDE 226868을 발견했던 것이다. 왕립 그리니치 관측소의 B. 루이제 웹스터Louise Webster와 폴 뮈딘Paul Murdin은 그 쌍성을 면밀히 관측했고, 보이지 않는 항성이 태양 질량의 2~6배 사이라는 것을 측정했다. 그들은 연구결과를 다음과 같이 결론지었다. "우리는 그것이 블랙홀일지도 모른다는 사실을 고려해야 한다."

계속된 관측으로 그 항성의 질량을 더 정교하게 측정할 수 있게 되었다. 1970년대 중반에 가서는 백조자리 X-1이 블랙홀이 틀림없다고 장담하는 천문학자들이 등장했다. 호킹과 킵 손은 이 것을 두고 내기를 걸었다. 1974년 12월 10일, 두 남자가 서명을 한 문서가 킵 손의 연구실에 보관되었다. 이 문서는 다음과 같이 아주 조심스럽게 선택된 문장들이 적혀 있었다.

나 스티븐 호킹은 이미 일반상대성이론과 블랙홀에 너무 많이 투자를 한 까닭에 만약의 경우에 대비하려 한다. 그리고 나 킵 손은 만약의 경우에 대비하지 않고 위험하게 살고자 한다.

스티븐 호킹은 '백조자리 X-1은 찬드라세카르 한계 이상의 질량을 가진 블랙홀을 포함하지 않는다' 는 데 〈펜트하우스Penthouse〉의 1년 구독권을 걸었고, 킵 손은 '백조자리 X-1이 블랙홀' 이라는 데 〈프라이빗 아이Private eye〉의 4년 구독권을 걸었다.

여기서도 호킹의 엉뚱한 재치가 드러난다. 이 내기는 어떤 결과가 나오든 호킹에겐 결코 손해가 아니기 때문이다. 만약 백조자리 X-1이 블랙홀을 포함하고 있지 않다면 호킹은 잡지 구독권을 획득해 위로 삼을 수 있고, 반대로 백조자리 X-1이 블랙홀을 포함하고 있는 것으로 판명나면 블랙홀에 대한 그의 연구가 헛수고가 아니었다는 것을 알게 되기 때문이다.

호킹은 또한 캘리포니아 공과대학에 있는 동안 여러 상을 받았다. 1975년 1월에 그는 '이론 천체물리학 분야에 뛰어난 공로를 한 연구논문' 으로 왕립천문학회에서 에딩턴 메달을 받았다. 그는 이 상을 친구이자 동료인 로저 펜로즈와 함께 공동수상했다. 특이점 정리라는 그들의 선구적인 연구는 분명 수상 조건에 들어맞는 것이었다. 몇 달 후 호킹은 교황 바오로 6세로부터 피우스 3세 메달을 수여하기 위해 버나드 카와 함께 로마로 갔다. 그 상은 뛰어난 연구 성과를 낸 젊은 과학자를 위한 상이었다. 호킹과 그의 친구들은 그 상의 수여가 아이러니하다고 생각했다. 왜냐하면 1633년에 갈릴레이는 이단으로 몰려 교황청 재판에서 사형을 선고받았기 때문이다. 갈릴레이가 지구를 우주의 중심에서 밀어내는 코페르니쿠스의 연구를 지지한 것이 1616칙령에 위배된다는 죄목이었다. 그런데 갈릴레이가 죽은 날로부터 정확히 300년 후에 태어난 과학자가 그동안 우주의 진실로 여겨져 온 것을 완전히 뒤집는 연구로 교황청에서 상을 받은 것이다. 제인은 친구에게 보내는 편지에, 스티븐은 이 수상을 '갈릴레이의 명예회복을 위한 해명'의 기회로 삼기로 했다고 적었다. 비록 늦었지만 호킹의 이러한 바람은 결국 받아들여졌다. 1979년 11월 10일 교황청 과학원의 아인슈타인 탄생 100주년 모임에서, 교황 요한 바오로 2세는 교황청이 갈릴레이 사건을 재고하기로 했음을 발표했다.

케임브리지로 돌아온 호킹

캘리포니아 공과대학에서 호킹은 전동휠체어를 사용해 실내와 실외를 자유롭게 이동할 수 있었다. 그는 전동휠체어 덕분에 자신이 상당한 독립성을 누릴 수 있다고 생각했다. 그리고 케임브리지로 돌아가서도 그것을 사용할 수 있도록 보건부에 영국 시민으로서 자신의 권리를 요청했다. 그의 새집은 예전에 살던 집보다 연구실에서 다소 멀기는 했지만 여전히 쉽게 출퇴근 할 수 있는 거리였다. 하지만 구식 휠체어로는 불가능했다. 보건부에서는 전동휠체어 대신 그가 한 때 집에서 연구실을 오가기 위해 사용했던 바퀴 세 개 달린 전동차를 제공할 수 있다고 했다. 하지만 그의 몸 상태는 그 차를 조종할 수 없을 정도로 악화되어 있었다. 전동휠체어 외에는 선택의 여지가 없게 된 것이다. 어쩔 수 없이 호킹 부부는 자신들의 저축을 털어 필요한 장비를 구입해야 했다.

스티븐이 케임브리지로 돌아오자 그에 대한 대학의 대접이 달라졌다. 6년간의 특별 연구원 자격이 끝난 상황에서 스티븐이 캘리포니아에 영구적으로 머물 거라는 소문이 돌았던 것이다. 케임브리지는 곧장 그에게 강사 자리를 제안했다. 스티븐에게는 대학에서의 첫 번째 공식적인 지위였다. 그는 쾌활하고 헌신적인 주디 펠라^{Judy Fella}를 비서로 둘 수 있었다. 그녀는 응용수학·이론물리학과의 칙칙한 분위기에 생기를 불어넣어 주었고, 이후로도 오랫동안 헌신을 다하며 스티븐의 곁에 남아 있었다.

호킹의 집안에는 주소가 바뀐 것 말고도 변화가 있었다. 제인이 친구들의 끈질긴 권유로 오랫동안 덮어두었던 논문 작업을 다시 시작한 것이다. 그녀는 또한 캘리포니아에서 취미로 시작했던 합창단 활동도 열심히 했다. 스티븐과 아이들을 돌보고 논문 준비를 해나가는 바쁜 일과 속에서도 일주일에 한 시간씩 성악 수업을 받았다. 그리고 프린스턴에서 온 스티븐의 새 박사과정 학생인 앨런 라파데스Alan Lapades가 그들의 남는 방으로 이사를 와 스티븐의 간호를 도와주었다. 연구실에서도 그의 학생들이 헌신적으로 도와주었기 때문에 호킹은 캘리포니아 공과대학에서 하던 연구를 마무리할 수 있었다.

1976년 봄은 호킹 가족에게 재앙과 같은 시기였다. 루시와 로버트가 연달아 수두에 걸린 것이다. 그리고 그 집에 있던 세 명의 어른들도 목의 심한 염증과 열에 시달렸다. 처음 ALS 진단을 받고 의사들에 대한 신뢰를 잃은 스티븐은 당연히 의사의 진찰을 거부했다. 제인이 자신의 생일선물로 진찰을 받아달라고 하는 바람에 어쩔 수 없이 그는 주치의가 집으로 방문하는 것을 허락했다. 그리고 그 즉시 병원으로 실려 갔다. 며칠 후에 다시 집으로 돌아오기는 했지만 그는 계속해서 질식 발작에 시달렸다. 결국 몇 주 동안 출근을 할 수 없을 정도로 몸이 쇠약해졌다. 외부의 도움 없이 가족들만으로는 스티븐을 제대로 간호할 수 없게 되자 제인은 낙담했다. 제인은 더 이상 현실을 외면할 수 없었다. 그녀는 자신들이 언제 검은 심연으로 떨어질지 모르는 벼랑 끝에서 살고 있다고 생각했다. 스티븐은 가족과 믿을 수 있는 친구들, 그리고 학생들의 도움만을 받으려고 했다. 제인은 다시 힘을 내 스티븐의 바람대로 생활을 꾸려나갔다.

물론 그 해에는 기쁜 일들도 있었다. 왕립학회가 일반상대성이론을 천체물리학에 적용하여 물리학 분야에서 최초의 발견을 한 공로를 인정하여 휴즈 메달을 수여한 것이다. 여름에는 BBC에서 특별기획 다큐멘터리 〈우주로 가는 열쇠The Key to the Universe〉의 일부에 들어갈 스티븐의 세미나와 가정생활 모습을 촬영했다. 또한 호킹은 수학과 물리학 분야의 뛰어난 연구공로를 인정받아 미국물리학회에서 수여하는 데니 하인만상(賞)을 받았다.

호킹과 그의 제자 게리 기본스는 드 지터 우주의 열역학적 특성 연구에 몰입했다. 드 지터Williem De Sitter는 아인슈타인의 장방정식을 응용해, 반발력 때문에 매우 빠른 속도로 영원히 팽창하는 텅 빈 우주모형을 제안했다. 이때 우주의 팽창이 너무나 빠르기 때문에 이 우주에는 관찰자가 결코 볼 수 없는 영역이 존재한다. 관찰자가 아무리 오래 기다려도 이 영역에서 나온 빛은 결코 관찰자의 눈에 도달하지 못한다. 따라서 이 영역은 관찰자가 관찰할 수 있는 지평선 너머에 있다고 할 수 있다. 기본스와 호킹은 이 지평선의 양자역학적 특성을 연구했고, 그것이 블랙홀을 감싸고 있는 사건의 지평선과 놀라울 정도로 비슷하다는 것을 발견했다. 특히 드 지터의 우주는 열역학에서 유추한 블랙홀 역학의 법칙들과 들어맞았다. 또한 이 우주는 블랙홀과 비슷한 나름의 호킹 복사를 가지고 있었다. 기본스와 호킹은 '마치 엔트로피처럼 지평선 표면적은 우주에 대한 우리의 이해가 부족하다는 것의 척도'라고 말했다. 이러한 결과를 담은 논문은 이론물리학계에서 중요한 자리를 차지하게 된다. 왜냐하면 이것은 그와 다른 과학자들이 발견한 블랙홀의 양자적 특성을 우주 전체로 적용할 수 있다는 의미였기 때문이다.

같은 시기에 돈 페이지는 캘리포니아 공과대학에서 자신의 연구를 마무리 짓고 연구원 자리를 찾고 있었다. 스티븐은 케임브리지의 3년짜리 나토NATO 연구원 자리를 돈 페이지에게 연결해줄 수 있었다. 그 때문에 돈은 크리스마스 전에 잠시 스티븐의 집에 머물렀다. 돈과 스티븐은 물리학에 있어서는 견해가 같았지만 세상을 보는 관점은 극과 극이었다. 호킹이 무신론자였던 반면 페이지는 복음주의 기독교인이었다. 돈은 아침식사 때 몇 번 성경에서 읽은 내용을 이야기했는데 호킹의 반응은 항상 냉소적이었다. 돈이 하루는 예수가 최후의 심판에 대해 한 이야기를 들려주었다. "최후의 심판 날이 오면 들에서 일하는 두 사람 가운데 한 사람을 데려가고 한 사람은 남겨 둔다고 합니다." 이 말을 들은 호킹은 이렇게 말하며 웃어 넘겼다. "그래서 아침식사하는 두 사람 중 한 사람은 데려가고 한 사람은 남게 된다는 거지?" 물론 종교 때문에 호킹이 친한 동료들과 사이가 어색해진 것은 피할 수 없었다.

'시공간의 마법사' 혹은 '블랙홀의 주인'

돈은 사실상 스티븐의 조수 역할을 해주었고 이것은 제인에게 예상치 못한 도움이 되었다. 제인은 스티븐을 따라 밖으로 나다니는 대신에 집에 머물 수 있었던 것이다. 1977년 여름에 스티븐과 돈은 몇 주간 캘리포니아 공과대학을 방문했다. 그곳에 있는 동안 스티븐은 양자중력에 대한 연구를 계속했다. 경로적분을 사용한 접근법이 블랙홀 복사 연구에 유용한 것으로 증명되었기 때문에 그는 경로적분이 양자역학과 일반상대성이론의 통합에도 큰 기여를 할 거라고 믿었다. 그는 이 두 이론의 통합이 오늘날 이론물리학에서 풀리지 않은 가장 중요한 문제라고 생각했다. 관련 논문 속에도 경로적분법에 대한 호킹의 믿음이 드러난다. "아직 만족스러운 중력의 양자이론은 없지만 경로적분법이 중력의 양자화에 가장 적합한 방법이다."

케임브리지로 돌아온 호킹은 중력물리학 특별 주임으로 승진했다. 그는 이제 교수로 인정 받았고 월급도 올랐다. 한편 제인은 명절 콘서트 시즌에 세인트 마크 교회의 합창단에 합류했다. 조나단 헬러 존스_{Jonathan Hellyer Jones}가 합창단 지도를 맡고 있었다. 제인보다 몇 살 아래인 조나단은 18개월 전에, 결혼한 지 1년 된 아내를 백혈병으로 잃었다. 조나단과 제인은 친구가 되었고 그는 호킹의 집에 자주 방문하기 시작했다. 그는 루시에게 피아노를 가르쳐주고 스티븐의 간호를 자처할 정도로 가족들과 친해졌다. 제인은 주변 친구들의 도움으로 자신감을 되찾고 부담도 덜 수 있었다. 그녀는 이제 공식적으로 세인트 마크 교구에 소속되어 신앙생활을 했다. 교구 목사인 빌 러블리스의 조언은 제인에게 큰 힘이 되었다. 이렇게 자신감과 생활의 활력을 되찾은 제인은 논문의 막바지 작업에 착수했다.

스티븐에게는 계속해서 영광스러운 상들이 쏟아졌다. 그는 워싱턴 D.C.에 있는 루이스 앤 로사 스트라우스 기념기금이 수여하는 알베르트 아인슈타인상(賞)을 받았다. 이 상은 미국에서 물리학자에게 주는 상 중 가장 명성 있는 상이었다. 1978년 여름에는 옥스퍼드 대학에서 명예 박사학위를 받았다. 이런저런 수상 소식이 들려오자 언론의 관심은 다시 활발해졌다. 기자들은 그의 물리학적 업적만큼 장애를 극복한 인간승리에도 매료되었다. 그들은 호킹의 물리학적 업적과 그의 장애를 대조적으로 보여줌으로써 대중의 호기심을 자극했다.

〈뉴사이언티스트New Scientist〉는 호킹에 대해 이렇게 감탄했다. "불편한 육체 안에 갇힌 호킹 박사가 자유롭게 광대한 시공간을 탐구하는 데는 시적인 아이러니가 있다." 한편 〈타임Time〉은 그가 머릿속으로 복잡한 계산을 하는 것에 찬사를 보냈다. 호킹의 동료인 워너 이즈라엘의 말을 빌려 "그가 머릿속으로 계산을 해내는 것은 모차르트가 교향곡 전체를 머릿속으로 작곡한 것과 같다."고 했다. 〈옴니Omni〉는 '시공간의 마법사'라는 큼지막한 제목의 긴 기사를 게재하기도 했다. 또한 유명한 과학저술가이며 작가인 데니스 오버바이Dennis Overbye는 기사에서 호킹의 말을 인용했다. "블랙홀에 관해서라면 나는 내가 블랙홀의 주인이라고 느낄 때도 있다.”

오버바이의 기사를 통해 대중들은 호킹의 과학적 업적뿐만 아니라 유머감각에도 주목하기 시작했다. 그의 유머감각을 알 수 있는 일화는 숱하게 많다. 한 번은 호킹이 〈피지컬 리뷰*Physical Review*〉 8월호에 ‘당신에게 땅의 신령이 있다고 가정해보자(신화에서 땅을 수호하는 난장이로, 유럽에서는 정원에 땅의 신령을 형상화한 인형을 세워 놓기도 한다. 호킹은 관찰자를 땅의 신령에 비유하여 표현한 것이다)’ 라는 문장이 담긴 글을 기고한 적이 있다. 잡지의 편집자가 결국 그 문장을 ‘당신에게 관찰자가 있다고 가정해보자’ 로 바꾸었지만 말이다. 그는 항상 지루하고 경직된 상황을 좀 더 부드럽고 유머러스하게, 때로는 시니컬하게 만들 수 있는 수만 가지 비유와 수사법을 알고 있었던 것이다.

호킹과 워너 이즈라엘은 다른 프로젝트들도 많았지만 일반상대성이론에 관한 최근 연구결과를 모은 논문집 작업을 맡았다. 다가오는 아인슈타인 탄생 100주년을 기념하기 위한 프로젝트였다. 그들은 논문집의 서문에서, 논문집에 실린 모든 연구의 궁극적인 목표는 ‘모든 물리학 법칙을 아우를 수 있는 완전하고 일관성 있는 이론에 대한 아인슈타인의 꿈’ 을 실현시키는 것이라고 밝혔다.

9월에 제인은 자신이 셋째 아이를 임신했다는 사실을 알게 되었다. 그녀는 아이가 태어나는 내년 봄까지 논문을 끝내기로 결심했다. 조나단이 집안일과 스티븐의 간호를 도와준 덕분에 불가능한 일만은 아니었다. 그해 겨울에 스티븐은 새롭게 조직된 운동신경질병협회의 후원자가 되었다. 그리고 제인과 조나단은 연례행사인 자선 연주회를 준비했다. 1979년 부활절 일요일에는 예정대로 티모시 호킹이 세상에 나왔다. 이 해에 호킹 집안의 경사는 이것뿐만이 아니었다. 11월에 스티븐이 그 유명한 루카시안 석좌교수로 지명된 것이다. 이 영광스러운 자리는 다름 아닌 아이작 뉴턴이 올랐던 자리였다. 이제 호킹이 17번째로 이 자리의 주인이 될 예정이었다.

우리 인간은 아주 평범하고 작은 행성인
지구에 사는 원숭이 가운데 가장 뛰어난 종(種)일 뿐입니다.
하지만 우리는 우주를 이해할 수 있고,
바로 그것이 인간을 특별하게 만듭니다.

– 스티븐 호킹

물리학과 형이상학 사이에서

1980년대는 불길한 일과 함께 시작되었다. 감기가 지속되면서 스티븐의 상태는 더 심각해졌다. 제인 역시 몸 상태가 좋지 않았다. 어린 아기와 아픈 남편을 돌보는 일은 그녀에게 무리였다. 가족의 주치의는 스티븐에게 한동안 요양원에서 지낼 것을 권했다. 그와 가족들 모두가 휴식을 취하고 재충전하는 시간을 가질 수 있도록 말이다. 스티븐이 회복하는 동안 플럼좌 천문학교수인 마틴 리스가 물리학 연구소에서 제인과의 만남을 요청했다. 리스는 1973년 호킹이 대학원생이었던 당시부터, 프레드 호일의 후임 교수로서 케임브리지 대학에 재직해왔다. 그래서 그는 스티븐의 병이 악화되는 과정을 지켜봐왔고 앞으로 어떻게 될지도 잘 알고 있었다. 리스는 제인에게 스티븐의 개인 간호를 지원해줄 자금을 찾자고 제안했다.

처음에 스티븐은 자신의 사생활이 침해를 받는 문제 때문에 개인 간호사를 달가워하지 않았다. 하지만 곧 능숙한 간호사의 도움으로 자신이 자유로워질 수 있다는 것을 깨달았다. 간호사는 매일 아침부터 잠자리에 들기 전까지 스티븐을 도왔을 뿐만 아니라, 스티븐이 학회에 참석하기 위해 여행을 떠날 때 그와 동행하기도 했다. 덕분에 그는 가족과 친구, 학생들로부터 일종의 독립감도 맛볼 수 있었다. 그의 주변 사람들이 감당해왔던 부담들도 어느 정도 해소되었다.

호킹의 아이들은 자기 가족이 친구들의 가족과 다르다는 것을 잘 알고 있었다. 제인은 아이들에게 가능한 한 평범한 환경을 제공하려고 최선을 다했다. 루시는 자신의 어린 시절에 대해, 행복했고 남들과 크게 다르지 않았다고 기억했다. 그녀는 이것이 어머니의 헌신적인 노력과 외조부모의 도움 덕분이었다고 말한다. 그럼에도 아버지의 병은 루시의 삶에서 부정할 수 없는 현실이었다. 스티븐은 루시가 태어날 무렵부터 휠체어를 사용했기 때문에 다른 아버지들처럼 놀아줄 수가 없었다. 안타깝게도 그가 귀 한 쪽을 움찔하는 것이 루시를 위해 해줄 수 있는 유일한 놀이였다. 루시는 어렸을 때 어머니에게 ALS에 대해 듣고는 아버지가 내일 돌아가실지도 모른다고 생각하면서 울기도 했다. 그녀는 아버지가 언제 돌아가실지 모른다는 긴장감 속에서 살았다. 또한 루시와 형제들은 사람들의 노골적인 시선을 견뎌야 했다. 루시는 남들이 노골적으로 쳐다보면 그 기분이 어떤지 그들에게도 느끼게 하려고 그 사람들을 똑같이 쳐다보았다. 이제 그녀는 어느 때부터인가 알아듣기 힘든 아버지의 말을 다른 사람들에게 통역하는 역할을 하고 있었다. 루시는 늘 긴장감 속에서 살았지만 한 가지 간절한 바람이 있었다. 바로 아버지가 다시 걸을 수 있게 되어 모든 상황이 달라지는 것이었다.

4월 29일에 공식적으로 스티븐의 루카시안 석좌교수 취임식이 열렸다. 그의 취임연설(학생이 대신 읽어주었다)은 '이론물리학은 종착지에 임박했는가?' 라는 도발적인 제목이었다. 그리고 매우 과장된 것이기도 했다. 그는 대범하게도 20세기 말에는 양자역학과 일반상대성이론의 완전한 통합이 이루어질 것을 기대한다고 말했다. 그는 이론물리학 분야에서는 컴퓨터가 인간의 지성을 뛰어넘을 거라고 예측했다. 그리고 이론물리학이 아니더라도 어쩌면 이론물리학자들의 끝이 임박한 것인지도 모른다며 연설을 끝냈다. 그런데 취임연설 말고도 루카시안 석좌교수가 되기 위한 전통이 한 가지 더 남아 있었다. 대학의 모든 교직원들의 서명이 필요했는데 취임식이 있고 1년이 지난 다음에야 호킹이 서명하지 않았다는 사실이 밝혀진 것이다. 스티븐은 이렇게 회상한다. "저는 정말로 힘들게 서명을 했습니다. 그것이 제가 제 이름을 마지막으로 쓴 것이었죠."

스티븐이 자신의 경력에서 정점에 오른 이 시기에 제인 또한 오랜 목표를 달성했다. 그녀는 1980년 6월에 논문심사를 통과하고 1981년 4월에 공식적으로 박사학위를 받았다. 학위를 받은 후 제인은 그 지역의 아이들에게 프랑스어를 가르쳐 달라는 제안을 받았다. 결국 시간강사로 6학년(우리나라의 고등학교 3학년) 학생들을 가르치게 되었다. 학생들의 대학입학시험을 도와주는 역할이었다. 제인은 마침내 자신만의 일을 할 수 있게 되어 기뻤고, 가족들과 보내는 시간을 뺏기지 않아서 큰 부담이 없었다.

9월 말에 호킹 가족은 로마로 여행을 갔다. 스티븐이 교황청 과학원이 주최하는 우주론과 기초 물리학에 관한 학회에서 발표를 맡았기 때문이었다. 과학원은 1948년부터 정기적으로 이러한 학회를 주최하고 있었다. 이번 학회는 천문학을 주제로 열리는 세 번째 학회였다. 특히 이번 학회는 빅뱅모델의 선구자이자 전 과학원 회원인 조르주 르메트르를 기념하기 위한 것이었다. 스티븐은 간호사 대신에 오스트레일리아에서 온 그의 새 연구원인 버나드 휘팅Bernard Whiting과 학회에 동행했다.

스티븐의 논문은 우주 전체에 파인만의 '과거의 합 원리'를 적용한 것이었다. 이것은 현재의 우주가 가졌을 수 있는 모든 과거의 상태를 합산하는 것으로, 존재 가능한 모든 시공간의 합과 동일하다. 이러한 유형의 계산에는 적절한 경계조건을 선택하는 것이 필요하다. 그리고 여기서 경계조건은 물리계의 초기 상태나 시작 또는 계산에 고려해야 하는 어떤 특별한 상황을 의미한다. 그의 교황청 논문에는 결국 〈우주의 경계조건The Boundary Conditions of the Universe〉이라는 제목이 붙여졌다. 그리고 이 논문에서 그는 대담한 주장을 한다. 바로 다시 자기 내부로 수렴하는 경계조건을 제시한 것이다. 이 경계조건을 이용하여 계산을 복잡하게 만드는 비정상적인 초기조건이나 특별한 경계조건을 피할 수 있었다. 그는 이렇게 주장했다. "우주의 경계조건에 뭔가 매우 특별한 면이 있다면, 경계가 없다는 것보다 더 특별한 것이 어디 있겠는가."

학회가 끝나갈 무렵에 교황 요한 바오로 2세가 참석했다. 교황은 과학자들에게 우주의 기원에 관한 해답은 과학만으로는 얻을 수 없고, 신의 계시에 의지해야 한다는 내용의 연설을 했다. 즉 빅뱅 이후의 우주에 대해서는 연구해도 좋지만 빅뱅 그 자체를 연구한다는 것은 하느님의 영역을 침범한다는 것이었다. 호킹은 나중에 이렇게 말했다.

"그때 교황이 제가 방금 발표한 주제에 대해 알지 못했다는 사실에 안도했습니다. 제가 발표한 내용은 시공간이 무한하고 경계가 없으며 창조의 순간이 존재하지 않는다는 내용이었기 때문입니다."

호킹은 자신의 연구에 커다란 가능성이 있다고 생각했지만, 어떻게 더 진척시켜야 할지 알 수 없었다. 그래서 그 문제는 잠시 접어두고 그가 흥미를 가지고 있었던 새로운 이론에 몰두했다. 바로 인플레이션 우주론이다.

인플레이션 우주론

1980년에 대부분의 과학자들은 우주를 두 가지 이론으로 설명할 수 있다고 믿었다. 바로 빅뱅(일반상대성이론에서 도출된)과 입자물리학의 표준모델(양자역학에서 도출된)이었다. 두 이론 모두 관측증거를 가지고 있었지만, 해결하지 못한 문제점들 역시 존재했다. 1980년에 스탠퍼드 대학의 젊은 입자물리학자인 앨런 구스$^{Alan\ Guth}$는 선구적인 논문을 발표한다. 그는 자신의 논문에서 빅뱅모형을 수정하여 이러한 우주론적 문제에 대한 해결책을 제시했다. 이것이 바로 인플레이션 우주론이다. 탄생 직후의 초기 우주가 1초보다도 훨씬 짧은 시간 동안 엄청난 크기로 팽창했다고 기술하고 있기 때문에 이 이론을 인플레이션이라고 부른다. 눈 깜짝할 사이에 우주가 양자보다 작은 크기에서 야구공 혹은 그보다 더 큰 크기로 팽창했다고 말이다.

우주의 팽창은 물이 얼어서 얼음이 되면서 부피가 늘어나는 것처럼 '상전이(phase transition)' 라는 개념을 바탕에 두고 있다. 빅뱅 직후의 엄청나게 뜨거운 상태에서 자연의 네 가지 근원적인 힘(중력, 전자기력, 강한 핵력, 약한 핵력)은 하나의 초력(superforce)으로 융합된다. 이것이 바로 양자중력으로 설명하고자 하는 통합의 상태였다. 팽창과 더불어 초기에 통합되었던 힘들은 분리되기 시작한다. 빅뱅 이후 약 10^{-43}초가 지나면 통합된 힘들 중에서 가장 특수한 힘인 중력이 제일 먼저 분리된다. 그리고 빅뱅 이후 약 10^{-35}초가 지난 시점에는 강한 핵력이 분리되기 시작한다. 얼음 덩어리가 한 번에 얼지 않는 것처럼 우주의 시공간 구조도 부분으로 나뉘어 마치 거품처럼 상전이하여 변화한다.

그런데 이 거품들이 특정 온도에 도달했는데도 상전이를 하지 못한다면 어떻게 될까? 냉각되는 것을 잊는다면? 우리는 이러한 현상을 물이 얼음으로 변하는 과정에서도 관찰할 수 있다. 바로 과냉각

(supercooling)이다. 예를 들면, 겨울에 폭풍이 치는 동안 물방울은 공기의 온도가 어는점보다 낮은 데도 불구하고 상전이를 하지 않고 대기를 가르며 떨어진다. 하지만 이것은 일시적인 상태일 뿐이다. 물방울은 결국에 얼음으로 변화해야만 한다. 물방울은 전기선이나 나뭇가지 또는 땅에 부딪힐 때 상전이가 이루어진다. 순식간에 위험한 얼음막을 형성하는 것이다. 마찬가지로 초기 우주의 거품들도 상전이를 거쳐 강한 핵력이 분리되어야 한다. 그런데 거품이 이 과냉각 상태에 놓이게 되면 이상한 변화를 겪는다. 거품은 반발력의 영향으로 상상도 하기 힘든 속도로 기하급수적인 팽창을 한다. 이것은 오늘날 허블의 법칙으로 관찰되는 팽창 속도보다 훨씬 속도가 빠르다.

구스는 거품들이 뒤늦은 상전이를 거친 후에 충돌하고 합체하고 변화하여 정상적인 우주의 구조를 형성한다고 주장했다. 그러고 나서 훨씬 디 느긋한 속노로 팽창한다는 것이다. 하지만 구스는 초기의 거품들이 정확히 위와 같은 과정을 거치게 된다는 것은 확률적으로 매우 드문 일이라며 자신의 이론에 허점이 있음을 인정했다. 하지만 이러한 한계에도 불구하고 인플레이션이론은 물리학계에 커다란 파장을 몰고 왔다. 수많은 입자물리학자들과 우주론자들은 구스의 이론이 가진 한계를 더 깊이 파고들었다.

한편, 구스의 우주 탄생 시나리오에는 한 가지 흥미로운 점이 있었다. 이것은 바로 밀도요동(density perturbations)이라고 불리는 현상을 예측한 것이다. 밀도요동이란, 초기 우주는 균일한 상태가 아니라 미세하게 밀도가 높은 지역과 낮은 지역이 존재했음을 의미한다. 그리고 우주의 평균 밀도보다 밀도가 높은 지역에서는 물질이 더 응집하게 된다. 만약 초기 우주의 밀도가 균일하게 분포했다면 그 이후의 우주에서도 에너지와 물질이 고르게 분포하게 될 것이다. 따라서 그것은 현재 우주의 물질 분포와 관련된 사항이기 때문에 현대 우주론에서 초기 밀도요동은 매우 중요한 의미를 갖는다. 이러한 균일하지 못한 에너지와 물질 덕분에 오늘날 우주에는 은하와 같은 천체가 발생할 수 있었기 때문이다. 만약 인플레이션이론을 통해 오늘날 우주의 크기와 분포를 설명할 수 있다면, 빅뱅모형으로 설명하지 못한 문제도 해결할 수 있다.

호킹은 구스의 주장이 있기 전인 1966년에 처음으로 팽창하는 우주의 밀도요동에 대한 연구를 시작했다. 호킹 역시 빅뱅모형의 문제점을 해결하고 싶었기 때문에 이것은 놀라운 일이 아니다. 호킹은 동료 연구자들과 함께, 오늘날 우리가 보는 우주가 탄생하는 데는 인플레이션을 통한 섭동이 있었을 거라는 사실을 발견했다. 이때 호킹의 열네 살짜리 아들 로버트가 그들의 수학적 계산에 도움을 주었다.

밀도요동에 관한 호킹의 논문이 출간되기 직전인 1981년 10월에 그는 자신의 발견을 발표하기 위해 모스크바에서 열리는 양자중력 학회에 참석했다. 참석자 중에는 소비에트 물리학자인 안드레이 린데 Andrei Linde가 있었다. 린데는 독자적으로 구스와 같은 아이디어를 생각해냈지만, 소비에트의 엄격한 검열로 인해 구스가 논문을 발표한 이후로도 한참 동안 자신의 아이디어를 발표하지 못했다. 린데는 과거의 인플레이션 모형이 지니고 있는 한계를 해결하기 위해 새로운 인플레이션을 고안했다. 그는 그것이 모든 문제를 해결할 수 있을 거라고 믿었다. 린데의 인플레이션 모형에서 거품들은 팽창 이후에 다시 결합하지 않고 각각 독립적으로 진화한다. 린데는 자신의 인플레이션 모형을 모스크바 학회에서 발표했고 그 즉시 상당한 관심을 불러일으켰다.

린데는 호킹의 발표 후 질의응답 시간에 자신이 매우 난처한 상황에 처했음을 깨달았다. 호킹이 자신의 이론을 혹평하고 있었기 때문이다. 질의응답이 끝나자 린데와 호킹은 개인적으로 대화를 나눌 수 있는 빈 사무실을 하나 찾아냈다. 이 때문에 학회 관계자들은 행방이 묘연한 호킹을 찾기 위해 두 시간 동안 동분서주해야 했다. 이들의 논쟁은 나중에 호킹의 호텔방에서 계속되었다. 이 사건은 호킹과 린데의 영원한 우정의 시작이 되었다.

호킹의 다음 여행지는 필라델피아였다. 그는 물리학 분야의 뛰어난 공로를 인정받아 프랭클린 연구소에서 수여하는 벤자민 프랭클린 메달을 받았다. 전에 이 상을 받은 과학자들 중에는 알베르트 아인슈타인과 에드윈 허블도 포함되어 있었다. 그는 수상연설에서 미국과 소비에트 연방의 핵무기 확산에 대해 경고했다. 그리고 핵 비축의 급증이 지구상의 생명체에 미치는 위험에 대해서도 언급했다. 제인과 스티븐은 핵무기 확산 반대에 뜻을 함께 했다. 그들은 햄의 폭탄 반대 모임에 함께 가입할 정도로 적극적이었다. 호킹은 이후로도 공식석상에서 기회가 있을 때마다 이 주제에 대해 발언했다.

　케임브리지로 돌아와서 호킹은 대학원생인 이안 모스[Ian Moss]와 함께 린데의 아이디어에 대해 논의했다. 놀랍게도 호킹은 린데로부터 그의 논문 출간 전 검토를 부탁받았다. 호킹은 솔직하게 그 논문의 허점을 지적했지만, 기본적인 아이디어는 분명 출간할 가치가 있다고 말했다. 압제적인 소비에트 사회에서 린데가 논문을 수정하는 데 너무 오랜 시간이 걸리는 것도 호킹이 출간을 격려한 이유였다. 대신 그와 모스는 린데의 논문이 지닌 허점을 보완하기 위하여 인플레이션 시기의 종결을 기술할 수 있는 방법에 관한 짧은 논문을 발표했다. 그리고 한편으로 호킹은 게리 기본스와 함께 다음 해 여름에 ‘우주의 태초 1분’ 에 관한 특별 워크숍을 열기 위해 수십 명의 동료들에게 초대장을 보냈다.

　새해에 호킹은 대영제국 명예기사가 되었다. 2월 23일 버킹검 궁에서 열린 서훈식에서 엘리자베스 여왕이 훈장을 전달할 때는 아들 로버트가 스티븐을 도왔다. 그리고 이 해에 노트르담 대학과 시카고 대학, 프린스턴 대학 등에서는 명예학위를 받았다.

　마침내 태초의 우주에 관한 워크숍이 1982년 6월 21일부터 7월 9일까지 열렸다. 앨런 구스와 안드레이 린데, 폴 스타인하츠[Paul Steinhardt], 마이클 터너[Michael Turner]를 포함한 인플레이션 우주론의 위대한 지성들이 한 자리에 모였다. 이 워크숍의 목표는 새로운 인플레이션 모형의 문제들에 대해 논의하는 것이었다. 아직 명확하게 해결되지 않은 밀도요동에 관한 문제도 포함되어 있었다. 호킹은 이 워크숍에서 자신과 게리 기본스가 예상했던 대로 드 지터 우주의 고유 온도가 작은 밀도요동으로 이어진다는 것을 증명할 수 있었다. 앨런 구스는 이 워크숍에 대해 이렇게 말한다. "내 인생에서 가장 신나는 경험 중 하나였습니다. 이 일을 항상 소중히 기억할 겁니다. 그리고 이 워크숍을 가능하게 한 스티븐 호킹 박사의 노력에도 감사합니다."

이 워크숍의 성공에는 주디 펠라의 헌신적인 노력도 한 몫 했다. 그녀는 스티븐뿐만 아니라 워크숍에 참석한 모든 사람들의 비서 역할을 했다. 그녀의 헌신은 그뿐만이 아니었다. 자유근무시간제가 유행하기 전이었는데도 아침 늦게 출근해서 저녁 7시나 8시까지 연구실에 남아 있었다. 주디는 스티븐에게 맞춰 자신의 일정을 조정했다. 그녀는 나중에 호킹과 동료들이 워크숍 회보를 출간하는 데도 많은 도움을 주었다.

가상의 시간

너필드 워크숍 후에 스티븐은 산타바바라 캘리포니아 대학에 신설된 이론물리학 연구소에서 남은 여름을 보내기 위해 캘리포니아로 떠났다. 그곳에서 그는 오랜 친구인 짐 하틀Jim Hartle과 자신의 무경계 제안에 대해 논의했다. 하틀은 '과거의 합 원리' 의 맥락 안에서 초기 우주를 묘사하기 위해 무경계를 선택한 것은 올바른 결정이라는 데 동의했다. 그들은 무경계 제안을 사용하여 우주의 양자상태를 설명하는 연구를 시작했다. 그들은 우주의 가능한 모든 양자상태를 합산했다. 이를 통해 그들이 제안한 우주는 바로 특이점 없이 휘어진 공간으로, 크기는 유한하지만 경계나 가장자리는 없었다. 형태상으로는 지구의 표면과 같지만 두 개의 차원이 더 존재한다는 것이 달랐다. 이러한 특이점이 없는 우주는 최초의 특이점을 가지고 있다는 호킹의 이전 연구와 직접적으로 상충되는 것 같았다. 이러한 역설은 아주 미묘하지만 중요한 계산의 차이 때문에 발생하는 것이었다.

하틀과 호킹은 존재하지 않는 허수(imaginary number)를 사용해 시간을 측정함(허수 시간)으로써 경로적분을 더 쉽게 할 수 있었다. 호킹은 허수 시간*이라는 개념이 쉽게 이해되지 않는다는 사실을 인정했다. 그리고 대중 독자들이 자신의 책을 읽기 힘들어 하는 것도 허수 시간 개념 때문이라고 말했다.

그럼 허수를 쉽게 이해하기 위해 제곱근에 대해 살펴보자. 만약 어떤 수를 그 수로 곱한다면 그 수의 제곱을 얻을 수 있다. 예를 들어 $2 \times 2 = 4$이고 4는 2의 제곱이다. 이 과정을 반대로 살펴보면 2는 4의 제곱근이 된다. 한편 $(-2) \times (-2) = 4$이고 그 -2 또한 4의 제곱근이다. 이

---

* 허수 시간(imaginary time) : 실제로 존재하지 않는 허수로 측정된 가상의 시간. 허수는 제곱해서 음수가 되는 수인데, 음수의 제곱근을 정의하기 위해 개발되었다.

때 한 가지 의문이 생긴다. -4의 제곱근의 무엇일까? 즉 어떤 수를 제곱해야 -4가 나올까? 정답은 그런 숫자는 존재하지 않는다는 것이다. 이 때문에 수학자들은 허수를 도입한다. 가장 기본적인 허수는 i이다. 그리고 이것은 -1의 제곱근으로 정의된다. 이 같은 방법으로 -4의 제곱근은 $2i$가 되고 -9의 제곱근은 $3i$가 된다.

일반상대성이론에 의하면 시간과 공간은 서로 연결되어 있다. 하지만 정확히 같은 것으로 취급되지는 않는다. 만약 시간의 차원을 허수로 표현한다면 시간과 공간은 수학적으로 동일하게 취급된다. 이러한 방법을 '유클리드 시공간(Euclidean space-time)'이라고 부른다. 하틀과 호킹은 유한하며 경계가 없는 닫힌 표면을 갖는 유클리드 시공간을 선택했다. 호킹은 자신의 무경계 제안에 대해 이렇게 말했다.

여기에는 우리가 어디에서 왔는가에 대한 철학적인 암시가 담겨 있습니다. 우주는 필요한 모든 것을 안에 품고 있습니다. 우주가 제대로 돌아가기 위해 외부에서 어떤 것도 가져올 필요가 없지요. 대신에 우주에 있는 모든 것은 과학의 법칙에 의해 결정되며, 우주 안에 있는 주사위에 의해서만 결정될 것입니다.

허수 시간의 관점에서 보면 우주의 탄생이나 끝에 대해 논하는 것은 무의미하다. 그저 우주란 존재하는 것이다. 하지만 실제의 시간에서는 특이점이 여전히 존재한다. 특이점은 허수 시간 따위는 존재하지 않는다는 듯이 표면 위로 등장한다. 시간을 실수로 고려한다면 우주의 특이점이 계속 남게 되어 문제를 해결할 수 없다. 그러나 만약 허수 시간을 도입한다면 특이점 문제를 쉽게 해결할 수 있다. 결국 허수의 시간과 실수의 공간은 수학이라는 언어를 통해 밀접하게 연결되어 있다.

하틀과 호킹은 우주를 단순화시킨 '초소형 초공간(minisuperspace)'에 대한 연구를 병행했지만 이것으로 실제 우주의 특성들을 모두 재현할 수는 없었다. 그들은 관측된 우주의 양자 상태를 정확하게 표현하기 위해서는 좀 더 실현가능하며 현실적인(그리고 복잡한) 수학적 모델이 필요하다고 말하며 논문을 마무리했다. 또한 논문에는 '누군가가 우주 태초의 경계조건 문제를 해결한다면, 그것은 경계조건에는 경계가 없다는 것이 된다' 라는 마치 선문답과 같은 구절도 포함되어 있었다. 철학자들은 허수 시간을 사용한 호킹의 연구를 비난했다. 이에 호킹은 단호하게 이렇게 반응한다.

나는 이 철학자들이 역사로부터 아무 교훈도 배우지 못했다고 생각한다. 또한 나는 허수 시간이 우리가 결국 받아들여야 할 개념이라고 말하고 싶다. …… 어쩌면 유클리드적 시공이 진짜고, 우리가 실제 시공이라고 생각하는 것은 상상의 산물일지도 모른다.

많은 비난을 받았던 것과 상관없이 하틀과 호킹의 논문은 그 분야에서 가장 많이 인용된 논문 중 하나가 되었다. 이들의 논문은 스탠퍼드 선형가속기센터 온라인 기록보관소에 게재된 논문 중에서 두 번째로 인용이 많이 된 논문이었다. 1위는 호킹이 블랙홀 복사에 관해 내놓은 최초의 논문이었다. 항상 순위에 올라 있는 88개의 논문 중에 11개가 호킹이 저술하거나 공동 저술한 것이었다.

다른 이론들과 마찬가지로 무경계이론도 실험에 의해 측정될 수 있는 예측을 내놓았다. 바로 우주배경복사 온도의 작은 변동이 밀도 요동의 특정 패턴을 반영한다는 것이었다. 실제로 이에 대한 위성관측이 이루어졌지만 무경계이론의 주요한 관측과 모순되었다. 관측결과는 우주가 어느 날 스스로 붕괴하거나, 대붕괴(big crunch : 우주탄생의 대폭발인 빅뱅과 반대되는 개념)로 이어지거나, 닫힌 우주가 될 거라고 예측하고 있었다.

보이지 않는 세계 : 초대칭

호킹은 우주의 수수께끼를 푸는 데 있어 한 가지 이론에만 집착하지 않았다. 그는 우주를 더 잘 이해하는 데 도움을 준다면 어떠한 이론도 받아들일 준비가 되어 있었다. 그중에서 그가 특히 가능성 있다고 생각한 이론이 바로 초중력(supergratify)이었다. 초중력은 중력이론인 일반상대성이론에 초대칭(supersymmetry) 연구를 접목한 것이다. 초대칭은 우주의 모든 입자들은 초대칭을 이루는 짝(질량은 같지만 스핀이 다른)이 있고 하나의 통일된 체계를 이룬다는 이론이다.

우주에 존재하는 모든 입자들은 회전 값(소립자가 내재적으로 갖고 있는 회전 효과)을 갖는데, 회전 값이 정수냐 아니냐에 따라 두 종류로 나뉜다. 이때 1/2, 3/2이나 5/2처럼 정수에 1/2를 더해서 만들어지는 수를 반(半)정수라고 하는데, 반정수의 스핀 값을 갖는 입자들이 존재한다. 이렇게 반정수의 스핀 값을 갖는 입자들은 '페르미온(fermion)'이라 부른다. 그런데, 두 개의 동일한 페르미온은 같은 양자 상태에 놓일 수 없는 양자역학적 특성을 가진다. 이것을 '파울리의 배타원리(Pauli exclusion)' 라고 한다. 예를 들어, 한 교실에 여러 명이 동시에 앉을 수 있는 의자가 가득 놓여있다고 하자. 이때 교실에 들어온 몇 명의 학생들은 혼자 의자를 하나씩 점유하여 서로 다른 의자에 앉으려 하는데, 이와 같은 상황과 무척 비슷하다.

1과 2같은 정수의 스핀을 가지는 입자들도 존재하는데, 이를 '보존(boson)' 이라고 한다. 스핀이 1인 입자(빛의 입자인 광자 같은)는 한 번의 회전을 거쳐 원래의 배열로 돌아올 것이다. 그리고 스핀이 0인 입자는 스칼라 입자라고 불리며 반드시 질량을 가지고 있다(질량이 없는 광자와는 달리). 그런데 스핀이 정수인 입자들, 즉 보존에는 배타원리가 적용되지 않는다. 다시 말해 보존들은 원하는 만큼 얼마든지 하나의 양자상태로 묶일 수 있다는 뜻이다. 한 교실에 있는 학생들이 원하기만 하면 모두 한 의자에 앉을 수 있는 것과 같다.

이처럼 우주에 존재하는 모든 입자들은 페르미온과 보존 두 종류로 나눌 수 있다. 그렇다면 둘의 스핀 차이가 의미하는 바는 무엇일까? 페르미온은 물질을 구성하는 입자인 반면, 보존은 자연의 네 가지 근원적인 힘을 중재하거나 운반하는 입자들을 포함하고 있다. 예를 들어 전자기력을 중재하는 입자는 광자이다. 초대칭이란 우주에 존재하는 모든 페르미온들이 초대칭 짝(super-partner)인 특정한 보존과 쌍을 이룬다는 것이다. 따라서 초대칭이론을 통해 우주의 모든 입자를 단순한 쌍으로 설명하는 통합이론이 되는 것이다.

이 이론은 단순명쾌함 덕분에 많은 물리학자들을 만족시켰지만, 아직까지 이것을 뒷받침 해줄 초대칭 짝이 발견되지 않았다. 이론상으로 대응되는 초대칭 짝들은 서로 같은 질량을 갖지만, 실제 세계에서는 대칭성이 파괴되어 있으며 심지어 초대칭 짝은 수백 수천 배나 더 무겁다는 문제점이 존재한다. 물리학자들은 이러한 입자를 관찰하기에는 현재 입자가속기의 에너지가 부족하기 때문에 아직 초대칭 짝들을 찾아내지 못했다고 생각하고 있다. 현재의 관측 가능한 우주에서 입자들의 대칭성을 파괴하는 가상의 입자를 '힉스 입자(Higgs particle)' 라고 부른다. 힉스 입자는 회전 값이 0인 스칼라 입자로 인플레이션이론에서 중요한 역할을 한다. 하지만 호킹은 여전히 초중력이 통일장이론을 위한 가장 유력한 방법이라고 믿고 있었다. 그는 이러한 의견을 루카시안 석좌교수 취임연설에서 밝혔다.

평소에 학문에 대한 그의 열린 자세를 존경해왔던 호킹의 제자 닉 워너[Nick Warner]는 다음과 같이 말한다. "나의 첫 번째 연구 주제를 일반 상대성이론과 유클리드적 양자중력에서 초중력에 대한 연구로 바꿀 수 있었던 것은 호킹 박사 덕분입니다." 하지만 호킹의 개인적인 삶에서 열린 마음을 시험하는 사건이 다가오고 있었다.

스티븐과 제인의 결혼식, 1965.
ⓒ *Professor Martin Pope*

아들 티모시와 제인, 스티븐 호킹

지식의 가장 막강한 적은 무지가 아닙니다.
지식에 대한 환상입니다.

— 스티븐 호킹

침묵 그리고 시간의 화살

1982년 봄에 스티븐은 하버드에서 중력 붕괴의 여러 가지 양상을 주제로 세 번의 강연을 했다. 이 과정에서 스티븐은 대중적인 수준의 책을 집필하는 일이 필요하다는 것을 진지하게 생각하기 시작했다. 그는 대부분의 사람들이 우주의 탄생과 원리에 대한 궁금증을 갖고 있지만 수학 공식을 이해할 수 없어서 포기한다고 생각했다. 호킹 본인조차도 공식을 좋아하지 않았다. 물론 호킹이 공식을 좋아하지 않는 이유는 직접 적을 수 없기 때문이기도 했다. 호킹이 일반인을 위한 책을 쓰고자 마음먹은 것은 단지 이타적인 의도만은 아니었을지도 모른다. 사실 그에게는 현실적인 이유도 있었다. 그 당시에 아들 로버트는 학비가 많이 드는 사립학교에 다니고 있었고, 열한 살인 루시도 막 초등학교를 마쳐 당장 진학해야 할 상황이었다. 하지만 그들이 적금을 깨지 않고 루시를 사립학교에 보내기 위해서는 새로운 수입을 찾아야 했다. 이런 가정경제의 어려움 속에서 찾은 돌파구가 원고 집필이었으며 마침내 1984년에 초고가 완성되었다.

호킹의 이전 책들은 모두 케임브리지 대학 출판사에서 출간되었다. 하지만 이번에는 전문 학술서가 아니었기 때문에 호킹은 마케팅 활동에 능숙한 대중적인 출판사를 원했다. 그는 동료의 처남이 운영하는 출판 에이전시와 접촉했고, 그곳에서는 원고를 여러 출판사에 보냈다. 결국 호킹은 밴텀 출판사의 제안을 받아들였다. 밴텀은 대중시장에서 확고한 발판을 갖고 있었고 편집자와 의견 교환을 할 수 있는 체계가 잘 잡혀 있었다. 당시 스티븐의 비서 업무는 주디 펠라가 남편의 남아프리카 여행에 동행하느라 잠시 자리를 비웠기 때문에 로라 젠트리Laura Gentry가 대신 맡고 있었다.

1985년에 과학저술가 존 보스로흐John Boslough가 쓴 호킹의 첫 번째 전기가 출간되면서 호킹의 유명세는 점점 더 커져만 갔다. 그는 또한 왕립천문학회에서 골드 메달을 수여하기도 했다. 그것은 천문학 분야에서 가장 영예로운 상이었다. 이 시기에 호킹의 개인사 역시 중요한 전환점을 맞게 된다. 제인이 그에게 조나단(제인이 다니던 교회에서 합창단을 맡고 있던)과의 우정이 사랑으로 바뀌었다고 털어놓은 것이다. 하지만 이 문제로 그는 자신의 가족을 혼란에 빠뜨리고 싶은 생각은 전혀 없었다. 제인은 당시의 일에 대해 이렇게 설명한다.

그는 내가 계속 자신을 사랑하는 한 문제를 삼지 않겠다고 말했어요. 그가 그런 이해심을 보여주는데 그를 사랑하지 않을 수 없었죠. 그 당시에 저는 큰 죄책감을 느꼈어요. 하지만 조나단은 하나님이 제게 주신 선물이

었죠. 우리는 둘이서만 있는 경우는 거의 없었고, 스티븐과 아이들 앞에
서는 행동을 조심하려 했어요. 애정을 표현하지 않으려고 억제하면서요.
조나단과 나는 양심의 가책 때문에 괴로웠어요. 결국 우리 관계보다 스티
븐과 아이들이 더 중요하다고 결심하게 되었죠.

당시에 세 사람 모두 너무나 신중했기 때문에 가족이나 친구 중
그 누구도 이 비정상적인 암묵적 약속에 대해 알지 못했다.

여름에는 이 대가족을 위한 거대한 모험이 계획되어 있었다. 스티
븐과 로라 젠트리, 그리고 학생 몇 명과 간호사들은 한 달간 제네바에
서 머물렀다. 바로 유럽원자핵공동연구소(CERN)의 입자가속기 시설
을 방문하기 위해서였다. 스티븐이 연구를 하는 동안 다른 가족들은
제네바 호수의 풍경을 즐기고 있었다. 로버트만 아이슬란드를 여행하
느라 제네바에 오지 못했다. 그런데 제인과 조나단이 두 아이들과 함
께 벨기에와 독일을 여행하겠다고 했다. 스티븐은 처음에 반대했지만
결국은 승낙했다. 독일 만하임에서 제인은 스티븐이 잘 있는지 알아
보려고 전화를 걸었다. 그런데 제인은 로라에게서 스티븐이 갑작스러
운 고통을 호소해 병원에 입원했다는 충격적인 소식을 듣게 된다.

가족들은 그 즉시 스티븐 곁으로 달려왔다. 중국 여행에서 생긴
기침이 폐렴으로 발전한 것이었다. 스티븐은 약물 투여 후 혼수상태
에 빠져 의식이 없었고, 인공호흡장치로 숨을 쉬고 있었다. 제인은 죄
책감과 불안감 때문에 괴로웠다. 스티븐이 동료들과 가도록 내버려둔

자신을 책망했다. 스티븐에 대해 누구보다도 잘 알고 있는 사람은 자신이었으니 말이다.

스티븐의 몸 상태는 갈수록 악화되었지만 그는 살고자하는 강한 의지가 있었다. 하지만 이것을 모르는 의사는 제인에게 생명유지 장치를 제거하는 것이 어떻겠냐고 물었다. 공포에 질린 제인은 그런 일은 절대 있을 수 없다고 말했다. 그러자 의사는 스티븐이 계속 생존하려면 기관절개 수술을 해야 하는데, 그러면 성대 바로 아랫부분에 영구적인 구멍이 남게 될 거라고 했다. 대신 그의 기침이 멈출 거라는 것이었다. 하지만 그 수술을 하면 스티븐은 알아듣기는 어렵지만 여전히 남아 있던 말하기 능력을 영원히 잃게 될 게 뻔했다. 그뿐만 아니라 수술 후에는 평생 지속적인 간호가 필요하다. 예전처럼 하루 몇 시간만 간호해서는 안 되고 항시 간호하는 사람이 옆에 붙어 있어야 했다.

스티븐이 기력을 조금 되찾았을 때 케임브리지 대학에서는 그가 돌아올 수 있도록 비행기를 제공해주었다. 케임브리지로 돌아온 그는 에든브룩 병원에 입원했다. 주디 펠라가 중환자실에 있는 스티븐을 찾아왔다. 그녀는 스티븐과 함께 집에 돌아갈 준비를 하는 제인을 도왔다. 혹시나 수술 없이도 호흡이 가능할까하는 마음에 제인은 스티븐의 인공호흡장치를 떼어내기로 했다. 하지만 스티븐은 염려했던 대로 질식 발작을 일으켜 기관절개가 불가피하게 됐다. 병원에 입원해 있는 동안 스티븐은 열기구를 타고 하늘을 나는 꿈을 꾸었다. 매우 선명한 꿈이었다. 그는 그것이 희망의 상징이라고 생각했다. 그리고 이와중에도 호킹 집안에 좋은 소식이 들려왔다. 로버트가 다음 해 가을에 과학전공으로 케임브리지의 입학허가를 받은 것이다.

수술은 성공적이었고 스티븐은 기력을 조금씩 되찾기 시작했다. 그러나 자신만의 세상에 갇힐 절박한 위기 앞에 있었다. 그는 이제 언제나 침묵할 수밖에 없는 인간이 되어버린 것이다. 말하거나 쓸 수 없는 그가 어떻게 바깥세상과 소통할 수 있을까? 처음에 그는 누군가가 앞에서 알파벳 카드를 넘기면 원하는 철자가 나올 때 눈썹을 치켜드는 방법으로 의사소통을 했다. 정말 길고 고통스러운 과정이었다. 그는 나중에 이렇게 말한다. "그런 식으로는 논문을 쓰는 것은 둘째 치고 대화조차 하기 힘들었습니다."

컴퓨터의 목소리로 부활하다

캘리포니아의 컴퓨터 전문가인 월트 볼토츠Walt Woltosz는 장애로 의사소통이 어려운 장모님을 위해 개발한 프로그램을 스티븐에게 보냈다. 이것은 사전에서 선택한 단어에 음성 합성을 해주는 프로그램이었다. 원래는 컴퓨터 화면에 나타난 단어를 선택하기 위해 머리에 전극을 붙여야 했지만, 호킹의 학생 한 명이 그 프로그램을 손으로 손쉽게 조작할 수 있는 마우스와 유사한 장치로 개조했다. 덕분에 호킹은 마우스를 클릭해서 단어와 문구를 선택하고 문장을 만들 수 있었다. 몇 년 만에 처음으로 정확하게 쓰고 말할 수 있게 된 것이다. 비록 감정이 없는 컴퓨터 목소리지만 말이다.

의사소통의 문제는 해결되었지만 더 큰 문제가 남아 있었다. 기관 절개 수술 때문에(그의 목에 실제로 구멍을 낸 것이었기 때문에) 전문가의 지속적인 관리가 필요했다. 숨 쉬는 것을 돕도록 절개 부위에 튜브를 삽입했기 때문에, 그의 폐에는 끊임없이 분비물이 축적되었다. 이 축적된 분비물을 제거하기 위해 작은 흡입장치로 자주 청소를 해줘야 했다. 그런데 그 튜브에는 항상 감염의 위험이 있으며, 심지어 목에 손상을 줄 수도 있었다. 따라서 매 시간마다 그의 상태를 확인해야 했다. 하지만 이러한 전문적인 간호 비용을 어디서 구할 수 있을까? 전에는 마틴 리스의 도움으로 시간제 간호사를 고용할 수 있었지만, 이와 같은 전문적인 간호에는 훨씬 더 많은 비용이 들었다.

주디 펠라가 스티븐의 동료들에게 이러한 상황을 설명하자 그들 중 한 명이 즉시 도움을 주었다. 킵 손은 제인에게 연락하여 미국에서 가장 큰 박애주의 기관 중 하나인 '존 D. 앤 캐서린 T. 맥아서 재단'에 지원을 요청해보라고 제안했다. 재단 이사회 임원 중에는 유명한 입자물리학자인 머레이 겔-만Murray Gell-Mann도 있었다. 재단은 지속적인 간호에 필요한 모든 자금을 지원해주었다. 그녀와 호킹의 비서 로라는 즉시 간호사를 찾는 일에 착수했다. 스티븐은 11월 4일에 마침내 퇴원해 집으로 돌아왔다. 처음 병원에 입원한 지 3개월 만이었다.

우여곡절 끝에 로라와 제인은 하루 3교대로 근무할 간호사들을 모을 수 있었다. 중개소를 통해 고용한 사람도 있었고 개인적인 인맥으로 고용한 사람도 있었다. 간호사들 중에는 그저 돈을 벌기 위해 그 일을 하는 사람도 있었고, 애정을 갖고 열심히 하는 사람도 있었다. 몇몇은 지쳐서 어쩔 수 없이 그만두기도 했지만 헌신적으로 스티븐 옆에 오래 남은 간호사들도 있었다. 그들 중 한 명은 일레인 메이슨^{Elaine Mason}이었다. 빨간 머리에 얼굴에는 주근깨가 있는 그녀는 두 아들의 엄마였다. 아들 중 한 명은 티모시 호킹과 동갑이었고 다른 한 명은 그보다 두 살 어렸다. 그녀의 남편 데이비드는 컴퓨터 엔지니어였는데, 재주를 발휘해 스티븐의 컴퓨터와 음성 합성기를 전동휠체어에 설치하는 방법을 찾아냈다. 이 덕분에 스티븐은 의사소통을 하기 위해 책상까지 갈 필요가 없어졌다.

간호사들의 도움으로 스티븐은 다시 집에서 지낼 수 있게 되었다. 하지만 이러한 생활은 가족들에게 큰 고통이기도 했다. 가족들의 사생활이 사라져버린 것이다. 제인과 스티븐뿐만 아니라 아이들도 마찬가지였다. 특히 십대인 로버트와 루시에게는 힘든 일이었다. 그리고 하필 그때 호킹 가족에게 큰 도움과 위안이 되었던 로라 젠트리가 비서 일을 그만두었다. 하지만 다행히도 주디 펠라가 다시 복직했다. 스티븐은 크리스마스가 되기 전에 연구실로 돌아갈 수 있었다. 처음에는 항상 간호사와 동행하여 반나절만 연구실에서 일했다.

새해가 되자 그는 기분이 더 좋아져 오히려 전화위복이 된 듯 보였다. 다시 연구를 시작했을 뿐만 아니라, 전보다 훨씬 더 쉽게 동료들과 소통할 수 있었다. 비록 본래 목소리를 잃기는 했지만 어차피 자신의 말을 알아듣는 사람은 거의 없었던 것이다. 그 이전에는 공식석상에서도 그는 장식품처럼 구석에 앉아 있었고 그의 학생 중 한 명이 그가 준비한 연설을 읽곤 했다. 하지만 이제 호킹은 목소리 합성기만 있으면 더 많은 청중 앞에서도 스스로 성공적인 연설을 할 수 있을 거라고 생각했다. 그는 이렇게 말한다. "저는 과학을 설명하고 질문에 대답하는 것이 즐겁습니다."

그러나 한 번에 한 단어씩 골라서 문장을 만드는 과정은 고통스러울 정도로 느렸다. 하지만 그는 사소한 단어라도 빼먹지 않았다. 그는 점차 효율적으로 말하는 법을 배웠다. 상대적으로 적은 단어로 가능한 많은 뜻을 전달하는 것이다. 짧은 문장에 많은 뜻을 담는 이러한 방식은 그의 날카로운 유머감각에 잘 들어맞았다. 그는 자신의 컴퓨터 목소리를 놓고 농담 반 진담 반으로 미국 억양이라며 불만을 털어놓곤 했다. 그의 딸 루시는 나중에 아버지에 대해 이렇게 묘사한다.

"놀라울 정도로 집요하세요. 정말 고집 센 분이죠. 한 번 어떤 일에 대해 마음을 먹으면 항로를 바꾸지 않는 원양어선 같은 분이세요. 아버지는 자신의 병뿐만 아니라 장애인에 대한 편견에도 당당히 맞서셨죠. 저는 그분이 한 일이 정말로 굉장하다고 생각해요."

1986년의 비극으로 호킹 집안의 분위기는 다시 침체된다. 스티븐의 아버지 프랭크가 병으로 세상을 떠난 것이다. 스티븐은 아버지의 죽음에 매우 큰 충격을 받았다. 그는 아버지에 대한 애정이 매우 깊었지만 조금씩 거리가 멀어지면서 최근 몇 년 동안은 거의 만나지 못했던 것이다.

그 후 스티븐은 스웨덴에서 열리는 학회 참석을 시작으로 다시 여행을 시작했다. 이 학회에는 머레이 겔-만도 참석했는데, 그는 맥아서 재단의 지원금이 호킹의 사생활뿐만 아니라 연구에도 기여하는 모습을 직접 확인할 수 있었다. 9월에 제인은 재단에 지원서를 보내면서 이 만남을 언급했고 재단은 계속해서 호킹의 의료비용을 지원하기로 결정했다. 10월에 호킹은 다시 한 번 바티칸을 찾았다. 교황청 과학원 회원으로 지명된 것이다. 덕분에 호킹 가족은 교황 요한 바오로 2세를 알현하는 영광을 얻었다.

시간의 방향을 묻다

다시 연구로 돌아온 스티븐은 오랫동안 묵혀두었던 연구 주제를 꺼내들었다. 그전 해 11월에 처음 논문을 발표했을 때 학계에 파란을 일으킨 연구로, 우주에서의 시간의 방향 또는 시간의 화살에 관한 문제였다. 호킹은 대학원 시절 지도교수인 데니스 시아머를 통해 이 주제를 처음 접했다. 당시 그는 이 주제에 관한 논문을 살펴보기는 했지만 박사논문 주제로 삼기에는 좀 불확실하고 공상적인 주제라고 생각했다. 대신 자신이 생각하기에 훨씬 쉬운 특이점 연구를 시작했던 것이다.

하지만 짐 하틀과 무경계 제안에 대해 연구를 하면서 다시 이 주제에 관심을 가지게 되었다.

이 주제의 주된 요점은 다음과 같다. 왜 세 가지 시간의 화살(심리적, 열역학적, 우주론적)은 모두 같은 방향을 가리키는 것으로 보일까? 그리고 이것은 우주의 역사를 통틀어 항상 진실일까? 심리학적 시간의 화살(psychological arrow of time)은 인간이 마음속으로 느끼는 시간의 흐름이다. 우리 몸이 지속적인 노화를 경험하는 것이나 과거를 기억하는 것, 그리고 미래에 대한 실질적인 지식이 없는 것이 심리학적 화살의 예다. 열역학적 시간의 화살(thermodynamic arrow of time)은 열역학 제2법칙에 의해 엔트로피가 시간과 함께 증가하는 것과 관련이 있다. 그리고 우주론적 시간의 화살(cosmological arrow of time)은 우주의 진화를 말해주는 것으로 빅뱅 이후 우주가 팽창하고 있다는 것을 뜻한다. 심리학적 화살과 열역학적 화살의 관계는 컴퓨터에 비유하여 설명할 수 있다.

컴퓨터가 무언가를 기억장치에 기록하면 총 엔트로피는 증가한다. 따라서 컴퓨터는 엔트로피가 증가하는 시간의 방향으로 사물을 기억한다. …… 우리가 컴퓨터와 같은 시간의 방향으로 기억한다는 것이 합리적인 설명으로 보인다. …… 이것은 심리학적 시간의 화살과 시간에 대한 우리의 주관적 인식이, 열역학적 시간의 화살과 엔트로피가 증가하는 방향과 같다는 것을 의미한다. 우리는 엔트로피가 증가하는 방향으로 시간의 방향을 정의하기 때문에 엔트로피는 시간과 함께 증가한다.

그렇다면 우주론적 시간의 화살과 다른 화살들 사이의 관계는 어떨까? 1985년 논문에서 호킹은 이 관계에 대한 파격적인 추측을 내놓는다. 호킹은 우주가 팽창하는 단계에 있는 현재로서는 세 화살이 모두 같은 방향을 가리키고 있지만, 무경계 제안(스스로 붕괴하는 닫힌 우주를 설명하기 위해 사용한 제안)을 통해 언젠가는 우주가 수축을 시작할 것이고 이를 통해 열역학적 화살이 전복될 것인지 예측할 수 있다고 믿었다. 이렇게 되면 엔트로피가 증가하지 않고 감소할 것이며 사물들 역시 좀 더 질서를 갖추게 될 거라고 제안했다. 또한 제각각 떨어졌던 조각이 마침내 다시 맞춰질 것이며, 사람들은 늙지 않고 더 젊어지는데다가 심지어 과거에 대해 전혀 모른 채 미래만을 기억할 거라고 주장했다.

하지만 다른 사람들은 그의 주장에 동의하지 않았다. 오랜 친구인 돈 페이지와 제자인 레이몬드 라플레임Raymond LaFlamme은 각자 다른 방법을 사용하여 호킹의 연구와 완전히 상반되는 결과를 얻었다. 이들은 호킹에게 자신들의 계산 결과를 보여주고 거의 한 달간 토론한 끝에 자신들이 옳다는 것을 설득할 수 있었다. 하지만 호킹의 논문은 이미 심사를 거쳐 출간 직전이었다. 그리고 그 논문에서 문제가 되는 것은 단 한 가지뿐이었기 때문에(중요한 것이긴 했지만) 다음과 같은 추가 주석과 함께 마침내 출간되었다.

이 논문이 출간 심사를 마친 후에 돈 페이지의 논문이 등장했다. …… 논
문에서 페이지는 열역학적 시간의 화살이 우주의 수축과정이나 블랙홀
에서 전도된다는 나의 결론에 의문을 제기했다. …… 나는 페이지의 주장
이 옳을 것이라고 생각한다.

호킹은 유럽원자핵공동연구소(CERN)를 방문하는 동안 라플레임
과 페이지의 계산이 어떤 의미를 갖고 있는지 탐구해보려 했다. 하지
만 그의 병과 기관절개 수술로 모든 것이 중단되었다. 이제 그 문제를
다시 분석해서 결과를 물리학계에 알릴 때가 되었다. 1986년 12월에
그는 시카고에서 열리는 상대론적 천체물리학에 관한 심포지엄에 참
석했다. 그 지역의 언론들은 왕족이나 록스타가 방문했을 때처럼 그
의 방문을 떠들썩하게 다루며 그의 컴퓨터 목소리 한 마디 한 마디에
귀를 기울였다. 시카고에 있는 동안 호킹은 대규모 강연을 통해, 수축
하는 우주에서의 심리학적, 열역학적 시간의 화살이 전도된다고 했던
것은 잘못이라고 공식적으로 발표했다. 그는 나중에 이에 대해 '적어
도 과학에서는 나의 가장 큰 실수'라고 말했다. 그리고 이런 말을 하
기도 했다. "나는 한 때 기존의 주장을 철회하는 내용만을 싣는 학술
지가 있어야 한다고 생각했다. 과학자들이 자신의 실수를 인정할 수
있도록 말이다. 하지만 기고하는 사람은 얼마 없을지도 모른다."

우주는 인간을 위해 존재한다?

호킹은 시간의 화살을 연구하기 위해 최종적으로 인본원리(anthropic principle)라는 것을 사용했다. 그의 설명은 이렇다. '우주는 우리가 보는 것 그 이상도 이하도 아니다. 왜냐하면 우주가 지금과 달랐다면, 그것을 관찰할 우리도 존재하지 않을 수 있기 때문이다' 프린스턴의 로버트 디케Robert Dicke도 1961년에 '우주의 나이 계산은 애당초 측정을 하기 위해 존재하는 관찰자(인류)를 가질 정도로 나이가 먹었다는 사실에 의해 제한을 받는다' 고 주장했다.

이러한 주장은 우주 초기에 생성된 최초의 별들은 거의 순수 수소와 헬륨으로 구성되어 있었다는 사실에 바탕을 두고 있다. 하지만 알다시피 생명이 탄생하기 위해서는 탄소와 산소, 질소가 필요하다. 이러한 물질은 최초의 별들이 죽어가는 시기에 처음으로 생성되었다. 또한 별들이 탄생과 죽음을 반복하는 과정에서 현재 우리가 관찰하는 원소들이 생성된 것이다. 이것이 사실이라고 본다면 빅뱅 후 수십억년이 흐르기까지 인류와 같은 탄소 기반의 생명체(관찰자)나 심지어 지구 자체도 존재하지 않았다.

이때 등장하는 것이 바로 '미세조율(fine-tunings)' 이라는 개념이다. 만약 우주의 근원적인 힘들의 세기가 조금이라도 달랐다면 재앙과 같은 결과가 나타났을지도 모른다. 원자들은 불안정하고, 행성에서는 생명이 오래 살아남지 못해 복잡한 수준으로 진화하지 못했을지도 모른다. 따라서 오늘날 우리 인류가 존재하는 우주가 되기 위해서는 누군가 고의로 조작해놓은 것 같은 섬세한 조율이 필요했을 것이라는 추측이다. 이것이 바로 신의 존재에 대한 증거라고 생각하는 사람들도 있다. 호킹은 이렇게 말했다.

"은하와 별들을 가진 우리 우주와 같은 또 다른 우주가 실제로 존재한다는 것은 거의 가능성이 없어 보인다. 만약 인류와 같은 생명체를 낳을 수 있는 우주의 존재 확률을 계산하는 방정식이 존재한다면, 그 결과는 거의 '1/무한대'에 가까울 것이다."

호킹의 동료인 브랜든 카터는 이렇게 거의 불가능해 보이는 우연에 여러 해 동안 몰두했다. 그리고 인본원리를 생각해냈다. 그는 인본원리에 대해 이렇게 말한다. "우리가 무엇을 관찰하든 관찰자로서 우리가 존재해야 한다는 제한을 가진다." 카터는 이 생각을 1973년에 폴란드에서 열린 코페르니쿠스 학회에서 공개했지만, 호킹은 수년 전부터 이미 자신의 친구가 어떤 생각을 갖고 있는지 알고 있었다. 실제로 호킹은 코페르니쿠스 학회 직전에 출간된 논문에서 카터의 이론을 사용했다. 이 논문에서 호킹과 C. B. 콜린스^{C.B Collins}는 우주에 있는 물질들의 전체적인 분배가 모든 방향에서 놀라울 정도로 비슷하게 관찰된다(등방성)는 사실을 초기 우주의 밀도요동(은하의 생성으로 이어지는)과 연관 지었다. 밀도요동이 오늘날 우리 우주를 생성할 수 있을 정도의 강도를 가진다는 것은 거의 가능성이 희박하다는 사실을 발견했다. 그리고 다음과 같이 결론지었다. "우리가 존재하기 때문에 우주의 물질들이 균등하게 분배되어 있는 것을 관찰할 수 있는 것이다." 그렇지 않다면 은하는 존재하지 않을 것이며 이런 질문을 들고 나오는 이론물리학자도 존재하지 않았을 것이다.

호킹은 인본원리를 사용해 시간의 화살 문제에 관한 결론을 이끌어냈다. 비록 우주가 수축하는 단계에서 심리학적, 열역학적 화살이 전도되지 않지만, 세 화살이 한 방향을 가리킬 때만 이 문제를 고민할 수 있는 지적 생명체가 존재할 수 있다는 것이다. 우주의 현재 팽창 속도를 생각해볼 때 우주가 붕괴를 시작하는 시점(만약 붕괴한다면)은 아직 멀고도 먼 일이다. 현재 존재하는 모든 별이 죽은 지 한참 지난 후인 아주 먼 미래일 것이다. 따라서 우주의 붕괴 단계에 생명체가 존재한다는 것은 불가능하다. 호킹은 이렇게 말했다. "우리가 우주를 관찰할 수 있다는 것은 우주가 축소 단계가 아닌 팽창 단계에 있다는 것을 의미한다."

호킹은 불가사의한 미세조율 문제를 설명하기 위해 인본원리를 도입하는 데 아무런 거부감도 없었다. 하지만 많은 물리학자들이 인본원리를 과학의 적으로 여겼다. 산타바바라 캘리포니아 대학의 데이비드 그로스^{David Gross}는 인본원리는 '위험하다' 고 말했다. 왜냐하면 과학으로 신의 존재에 대한 증거를 제시할 수 있다고 믿는 사람들이 인본원리를 거론하기 때문이었다. 그들은 신이 목적을 가지고 우주를 창조했고, 미세조율을 통해 인류의 진화를 준비한 것이라고 믿었다. 그로스는 이렇게 말하기도 했다. "인본원리는 종교적인 인상을 풍긴다.

…… 그리고 종교라는 것이 그렇듯이 이 역시 반증할 수가 없다.”

하지만 인본원리에 종교적인 측면이 없다고 말하는 사람들도 있다. 그것은 그저 자연이 주사위를 던지는 또 다른 예일 뿐이기 때문이다. 미시건 대학의 고든 케인$^{Gordon\ Kane}$은 인본원리를 로또복권에 비유했다.

“만약 당신이 엄청난 확률을 뚫고 로또 1등에 당첨된다면 기쁠 것이다. 확률이 어떻든 간에 누군가는 당첨될 것이고, 누가 당첨되는가는 무작위로 결정되는 것이다. 우리 우주가 생성될 확률이 로또 1등에 당첨될 확률처럼 희박한 것이라고 해서, 그것이 예정되어 있었던 것은 아닌지 의문을 가질 필요는 없다.”

호킹이 자신의 연구에 인본원리를 도입한 것은 이번이 마지막이 아니며, 파격적인 주장을 펼치는 것도 이것이 끝이 아니었다. 지금까지 호킹의 파격적인 주장은 과학의 영역에 한정되어 있었지만, 다른 영역에서도 호킹은 논란이 되는 주장들을 펼치게 된다.

빅뱅 과정을 연구하는 아틀라스(ATLAS) 프로젝트의 실험 장소 '아틀라스 동굴'을 방문한 호킹, 2006. *CERN.*

나의 목표는 간단합니다.
우주를 완전히 이해하는 것입니다.
왜 있는 그대로인지, 그리고 도대체 왜 존재하는지를 말입니다.

— 스티븐 호킹

아무도 읽지 않는 베스트셀러

승승장구하며 물리학계로 귀환한 호킹은 대중적인 수준의 책 집필 준비로 바쁜 나날을 보냈다. 1985년 여름에 마침내 밴텀 출판사에 초고가 전달되었다. 그의 편집자 피터 구차르디[Peter Guzzardi]는 초고에 대한 비평과 제안을 담은 문서를 준비했다. 하지만 스티븐의 몸 상태는 원고를 수정할 수 없을 정도였기 때문에, 그 원고는 불확실한 상태로 몇 달산 방치되었다. 그 후에 호킹은 새 의사소통 프로그램과 자신의 학생 브라이언 휘트[Brian Whitt]의 도움으로 천천히 원고를 수정해나갔다. 그는 구차르디가 요구한 수정사항이 많아서 약간 짜증이 나기도 했지만 자신의 편집자가 옳다는 것을 알았다. 호킹은 책이 출간된 뒤 "그가 애쓴 덕분에 더 좋은 책이 되었다."며 솔직한 감정을 털어놓았다. 두 번째 초고는 1987년 봄에 완성되었다. 책 안에 복잡한 방정식이 하나씩 늘어날 때마다 판매율이 떨어질 것이라는 구차르디의 경고에도 불구하고, 호킹은 역사상 가장 유명한 방정식만은 집어넣어야 한다고 고집했다. 바로 아인슈타인의 '$E = mC^2$' 였다.

그의 첫 번째 대중적인 책의 출간 작업이 완료되는 시점에 호킹은 좀 더 학문적인 연구로 돌아섰다. 케임브리지는 아이작 뉴턴의 유명한 저서 《프린시피아 메스메티카*Principia Mathematica*》의 출간 300주년을 기념하기 위해 1987년 6월 말부터 7월 초까지 국제적인 규모의 세미나를 개최했다. 루카시안 석좌교수인 호킹은 여러 면에서 뉴턴의 후계자로 여겨지고 있었기 때문에 그 또한 이 세미나의 준비를 도왔다. 그와 동료인 워너 이즈라엘은 중력이론에 관한 다양한 논문들을 모았다. 아인슈타인 탄생 100주년 기념으로 편집한 논문집의 개정을 위해서였다. 그리고 같은 해에 호킹은 이론물리학 분야의 뛰어난 공로를 인정받아 물리학 연구소에서 폴 디랙 메달을 받았다.

다음 해 봄에 스티븐과 제인은 예루살렘으로 갔다. 오랜 친구인 로저 펜로즈와 울프 물리학상(賞)을 공동수상하기 위해서였다. 이 상은 이스라엘의 울프 재단에서 수여하는 것으로 물리학 분야에서 노벨상 다음 가는 명성을 지닌 상이다. 차임 헤르조그 Chaim Herzog 대통령은 "일반상대성이론을 발전시켜 우주 특이점의 필연성을 보여주었고 블랙홀의 물리학을 해명했다."며 그들에게 상을 수여했다. 호킹은 수상연설을 평화에 대해 이야기하는 기회로 삼았다. 그는 단순히 한 분야에서 위대한 업적을 남긴 과학자가 아니라 인류의 미래를 공유하고 고민하는 진정한 지성인이었다.

과학의 진보를 통해 우리는 인류가 논리적인 법칙에 의해 움직이는 방대한 우주의 아주 작은 일부분이라는 것을 알게 되었습니다. 저는 세상사역시 논리적인 법칙에 의해 움직일 수 있기를 바랍니다. 하지만 동시에과학적 진보가 인류파멸의 원흉이 될 수도 있습니다. …… 인류가 다음세대, 그 다음 세대까지 살아남을 수 있도록 우리 모두 평화를 위해 모든노력을 다합시다.

이스라엘에 있는 동안 스티븐은 한 기자로부터 종교적 믿음에 관한 질문을 받았다. 스티븐의 대답은 전과 한결같았다. "나는 신을 믿지 않습니다. 그리고 나의 우주에 신의 자리는 없습니다." 제인은 자신이 믿는 모든 것을 스티븐이 공개적으로 부정하는 것을 보고 괴로웠다. 더군다나 세상에서 가장 성스러운 도시 중 한 곳에서 그런 발언을한 것이다. 제인에게는 결혼생활을 유지하도록 도와주는 믿음이 있었나. 바로 스티븐의 용기와 천재성에 대한 믿음, 둘이서 인생을 함께 일궈나간다는 믿음, 그리고 종교적 믿음이었다. 하지만 그녀는 스티븐의 무신론이 그들을 더 멀리 갈라놓을지 모른다는 불길한 예감에 휩싸였다.

얼마 후 《시간의 역사》 견본이 출간되었다. 〈네이처〉지의 매서운눈을 가진 한 비평가가 이 책에서 막대한 양의 오류들을 찾아냈다. 이름이 잘못 붙여진 사진이나 삽화 같은 것들이었다. 이에 밴텀 출판사는 즉시 견본 전량을 회수하고 4월 출간에 맞추기 위해서 서둘러 수정해갔다. 그 책은 6월 16일에 런던 왕립학회의 한 점심식사 자리에서 처음 소개되었다. 제인은 당시에 대상포진에 걸려 고생하고 있었다. 그럼에도 그녀는 자신의 남편과 그의 성취가 자랑스러웠다. 그녀는 이렇게 말한다. "그 책은 우리가 결혼하던 무렵의 무모했던 열정과 고생을 생각나게 했죠."

이 책은 곧 전 세계의 60개가 넘는 언어로 번역되며 선풍적인 인기를 모았다. 이 정도 성공은 스티븐도 예상하지 못한 것이었다. 53주간 〈뉴욕타임스New York Times〉 베스트셀러에 올라 있었고, 4년 넘게 런던 〈선데이타임스Sunday Times〉 베스트셀러 자리를 유지했다. 4년이 넘는 베스트셀러 기록은 기네스북에 오르기도 했다. 유일한 문제는 워낙 난해하여 읽을 수 없다는 악명도 함께 떨쳤다는 것이다. 사람들이 그저 대화의 소재로 커피 테이블 위에 올려놓기 위해 이 책을 산다는 소문도 있었다. 이것은 분명 과장된 표현이기는 했지만 나중에는 호킹도 이 책이 쉽지 않다는 것을 인정했다. 그는 자신이 '과거의 합 원리'와 허수 시간에 대해 제대로 설명하지 못했다고 생각했다. 허수 시간은 그 책에서 사람들이 특히 어렵게 생각하는 부분이었다. 하지만 허수 시간이 무엇인지 정확히 이해할 필요는 없다. 그저 우리가 실제 시간이라고 부르는 것과 다르다는 것만 알면 된다.

그런데 이 책이 왜 그렇게 경이로운 성공을 거두었을까? 이 책에 대한 구매 후기가 좋아서? 아니면 베스트셀러에 올라 있기 때문에? 그는 이렇게 말했다. "나는 일생 동안 내 앞에 놓인 커다란 문제에 매료되어 있었고 그 문제를 풀기 위해 분주했습니다. 아마도 그 때문에 물리학에 대한 나의 책이 섹스를 다룬 마돈나 책보다 많이 팔렸을 것입니다." 하지만 그는 이 책의 성공이 어느 정도는 자신의 장애에 대한 사람들의 관심 때문인지도 모른다고 생각했다. 별이 가득한 밤하늘을 배경으로 호킹이 전동휠체어에 앉아 있는 표지는 확실히 눈에 띄었다. 어떤 사람들은 밴텀 출판사가 호킹의 장애를 책 선전에 이용한다고 비난했다. 그리고 그 책이 전기인 줄 알고 구입한 독자들은 실망하기도 했다. 스티븐이 말했듯이 그 책은 자신이 아니라 우주의 역사에 관한 책이었기 때문이다.

당시 그의 대중적인 인기가 얼마나 대단했는지는 〈타임〉 2월호에 실린 기사를 보면 알 수 있다. 호킹은 블랙홀에 관한 글을 기고했는데 그 글 바로 옆에 호킹에 관한 특별 기사가 실렸다. 이 기사에서 페르미연구소의 로키 콜프Rocky Kolb는 호킹을 농구스타 마이클 조던과 비교하면서 이렇게 말했다. "누구도 조던이 어떻게 움직일지 예측할 수 없다. 조던의 움직임은 직감이고 느낌이기 때문이다. 호킹 역시 놀라운 직관을 가지고 있다." 호킹의 경우 독자들이 자신의 책을 완전히 이해하지 못할지도 모른다는 것을 알고 있었다. 하지만 그는 독자들이 책의 내용을 완전히 이해하지는 못하더라도 '우리는 어디서 오는 걸까, 우주는 어떻게 시작되었을까' 같은 근원적인 의문들과 조우하게 될 거라고 말했다.

읽기 힘든 책이라는 명성이 자자했지만, 독자들은 미국의 유명한 과학자인 칼 세이건이 쓴 서문을 읽고는 즉시 이 책에 매료됐다. 그는 이 책에 대해, 신에 대한 책 또는 신의 부재에 대한 책이라고 말했다. 그는 신의 정신을 이해하는 것이 호킹의 과학적 목표라고 설명하면서 독자들의 관심을 끌었다. 그는 이렇게 적고 있다. "우리는 호킹의 이러한 시도가 예상치 못한 결론에 도달하는 것을 볼 수 있다. 우주의 공간에는 경계가 없고, 시간에는 시작과 끝이 없으며, 그래서 창조자가 할 일이 아무것도 없다는 결론 말이다." 이 책을 끝까지 읽은(아니면 마지막 페이지를 먼저 본) 사람들은 앞으로 계속해서 논란의 중심이 될 구절을 발견하게 된다.

물리학에서 통합된 이론이 발견되면 우리 모두(철학자든 과학자든 그저 평범한 사람이든) 인류와 우주의 존재 이유를 놓고 토론할 수 있을 것이다. 우리가 그 질문에 대한 답을 찾아낸다면 그것은 이성의 궁극적인 승리가 될 것이다. 그때가 되면 우리는 신의 정신을 알게 될 것이다.

웜홀을 통하면 시간여행이 가능할까?

《시간의 역사》가 승승장구하는 사이에 호킹 가족의 삶에도 변화가 찾아온다. 루시는 케임브리지 청소년 극장에서 상연되는 1920년대 소비에트 정치 풍자극인 〈개의 심장The heart of a Dog〉에 참여하게 된다. 그런데 불행히도 그들의 런던 공연이 옥스퍼드 입학시험과 겹치고 말았다. 루시는 자신이 입학시험을 치르지 못하게 되면, 면접과 내신성적만으로 입학여부를 결정해달라고 대학 측에 요청하여 허락을 받았다. 스티븐은 딸의 첫 공연을 관람한 후에 간호사와 함께 한 달간 캘리포니아로 떠났다. 그는 버클리에 머물며 세 번의 공개강연을 했다. 각각 '우주의 기원'과 '시간의 방향', '블랙홀, 화이트홀, 그리고 웜홀'을 주제로 한 강연이었다. 이 중에서 세 번째 주제는 최근에 호킹이 관심을 갖고 있던 연구 주제와 관련이 있었다.

블랙홀로 빨려든 입자에는 어떤 일이 생길까? 호킹은 무경계이론을 이용해 블랙홀로 빨려 들어간 입자에 어떤 일이 생기는지 예측해보려 했다. 무경계이론의 우주에는 경계도 특이점도 없기 때문에 블랙홀로 빨려 들어간 입자들이 어디론가는 가야 했다. 그는 블랙홀로 들어간 입자들이 다른 시공으로 연결되는 웜홀*로 들어갈 가능성이 높다고 생각했다. 웜홀은 시공을 연결하는 터널로, 일종의 지름길이다. 웜홀은 빛의 속도에 제한을 받지 않기 때문에 공상과학 영화에서 애용되는 개념이었다. 빛의 속도보다 빠른 우주선(〈스타트렉〉의 워프주행 같은)이나 초공간을 통한 여행(〈스타워즈〉에서 같은)보다 웜홀을 통한 여행(〈스타게이트〉에서 같은)이 훨씬 더 극적이기 때문이다.

호킹은 웜홀에 대한 또 다른 이론도 가지고 있었다. 바로 웜홀을

---

* 웜홀(wormhole) : 시공간을 휘게 하는 블랙홀이 다른 우주에 있는 블랙홀과 이어진 두 블랙홀을 가리키는 말. 마치 벌레가 사과의 중심축에 있는 양 꼭지를 통해 이동하면 표면을 따라 이동하는 것보다 시간을 절약할 수 있는 것처럼 웜홀은 우주여행의 지름길이 될 수도 있다.

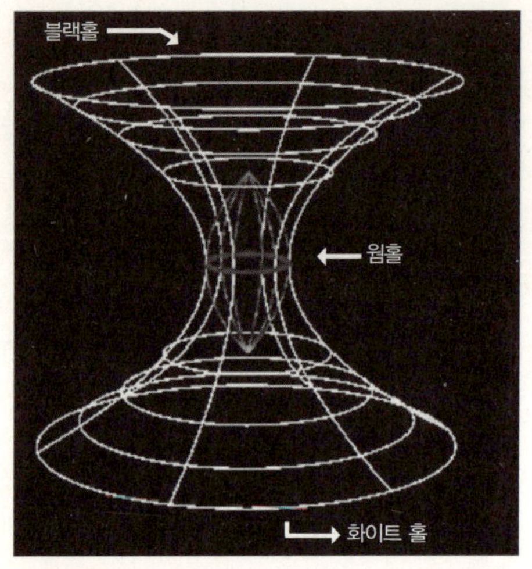

웜홀

통해 무작위로 다른 시공에 연결될 수도 있지만, 또 다른 독립된 닫힌 우주로 연결될 수도 있다는 것이다. 그러한 우주가 바로 아기 우주(baby universe)이다. 그렇다면 얼마나 많은 아기 우주가 존재할 수 있을까? 호킹은 이 문제에 대해 이렇게 말했다. "아기 우주들은 자신들만의 세계에 존재한다. 아기 우주의 수가 얼마나 되냐고 묻는 것은 얼마나 많은 천사들이 바늘 위에서 춤을 출 수 있느냐고 묻는 것과 같다." 아기 우주들은 블랙홀의 정보손실에 관한 그의 이론에서 중요한 역할을 했다. 그는 우리 우주에서 잃어버린 정보가 아기 우주로 빠져나간다고 생각했기 때문이다.

만약 호킹이 제안한 웜홀과 아기 우주가 존재한다면, 공상과학에서처럼 웜홀을 은하 간 또는 우주 간 운송수단으로 사용할 수 있을까?

안타깝게도 그것은 절대 불가능하다. 왜냐하면 호킹이 웜홀을 도출해내는 데 자신의 무경계이론을 사용하고 있기 때문이다. 앞에서 설명했듯이 무경계이론의 계산에는 허수 시간이 사용된다. 따라서 실제 시간에서는 블랙홀 중심에 여전히 특이점이 존재할 것이다. 그리고 블랙홀로 빨려 들어간 것은 무엇이든 중력에 의해 산산조각 날 불행한 운명에 놓이게 될 것이다. 호킹에게는 블랙홀 정보손실을 허수 시간으로 설명하는 것 말고는 다른 방법이 없었다. 그는 이렇게 말했다. "정보는 아기 우주로 넘어갈 것이다. 그리고 그 정보는 아기 우주 안에 있는 다른 블랙홀에서 방출되는 입자들로 다시 나타날 것이다." 그는 자신의 이론을 두고, 누군가 블랙홀에 빨려 들어가 산산조각 나는 것을 피하려면 '상상(think imaginary)해야' 할 거라고 농담하기도 했다.

스티븐이 가공의 웜홀에 몰두해 있는 동안 제인은 좀 더 현실적인 문제를 해결하고 있었다. 울프상 싱금과 스티븐의 책 인세 덕분에 그들은 두 번째 집을 살 수 있게 되었다. 스티븐은 투자를 위해 케임브리지에 집을 사고 싶어 했지만, 제인은 프랑스에서 오래된 농장을 사서 개조하고 싶은 꿈이 있었다. 스티븐이 버클리에 있는 동안 제인과 티모시는 프랑스를 여행하면서 제인이 '물랭Moulin' 이라고 이름 붙인 오래된 방앗간과 사랑에 빠졌다. 1989년 3월, 제인은 결국 이 집을 구입하여 즉시 개조작업에 들어갔다. 이 집은 나중에 제인에게 닥칠 폭풍의 피신처가 되었다.

유명세 이면에 도사린 가족의 위기

《시간의 역사》가 이례적인 성공을 거두면서 그는 세계적인 유명인사가 되었다. 1988년 10월에 호킹과 제인, 티모시는 《시간의 역사》 스페인어판 출간을 위해 스페인 바르셀로나에 갔다. 제인은 어디서든 사람들이 그를 알아보는 것이 신기했다. "그를 향해 몰린 군중들이 길에 서서 박수를 쳤어요. 그렇게 갑작스러운 관심은 부담스럽고 걱정되더군요." 이러한 유명세는 그들의 집에도 닥쳐왔다. 물리학자가 되고 싶어 하는 사람들이 호킹과 직접 통화할 수 있기를 바라며 하루 종일 집에 전화를 했다. 호킹이 자신의 논문을 읽어주기만 하면 루시와 결혼하겠다는 사람도 있었다. 호킹은 1988년 〈피플*People*〉지가 선정한 '세상에서 가장 흥미로운 인물 25인'에 포함되기도 했다. 하지만 그 선정에 덧붙여진 기사는 매우 혹독한 것이었다. 기자들은 호킹에 대해 '육체를 가진 남자로서 호킹에게 남은 것은 침을 흘리며 미소를 짓는 큰 머리와 쓸모없는 사지와 함께 무너져 내리는 몸'이라고 묘사했다. 매우 잔인한 묘사였지만 몇몇 사람들이 실제로 호킹을 보는 방식을 분명히 표현한 것이기도 했다. 우연히 찾아온 육체적 장애를 불굴의 의지로 극복한 재능 있는 한 인간이 아니라 일종의 기괴한 구경거리로 말이다.

하지만 유명세가 모두 부정적인 것만은 아니었다. 미국의 만화가 버크 브레스트^{Burke Breathed}는 자신의 만화 〈블룸 카운티Bloom County〉에서 모든 것의 이론을 밝혀내려는 호킹과 만화 속의 천재 꼬마 캐릭터의 라이벌 관계를 다룬 번외 편을 만들었다. 또한 시카고에서 바를 운영하는 수잔 앤더슨과 빌 앨런은 스티븐 호킹 팬클럽 티셔츠를 만들어 공짜로 나눠줬다. 티셔츠의 인기가 너무 좋아서 그들은 두 달 동안 8천 장의 티셔츠를 만들어야 했다. 이 티셔츠는 동료 교수들을 통해 호킹에게도 여러 장 전달되었다. 수잔과 빌은 자신들이 '진짜 영웅'이라고 부르는 사람을 기념하기 위해 티셔츠를 만든 것이었다. 또한 호킹은 1989년 여름에 잡지 〈플레이보이*Playboy*〉와도 인터뷰를 했다.

호킹에 대한 찬사를 쏟아낸 것은 대중들만이 아니었다. 호킹에 대한 작위 수여와 수상도 이어졌다. 그는 1989년 여름에 케임브리지 대학에서 에든버러 공작이 직접 수여한 과학부문 명예박사학위를 받았다. 그리고 곧 엘리자베스 여왕으로부터 명예훈작 메달을 받았다. 그것은 기사 작위보다 한 단계 더 높은 것이었다. 그는 또한 극도로 어려운 물리학 개념을 독자들에게 훌륭히 전달한 공로를 인정받아 브리태니커상(賞)을 수상하기도 했다.

언론에서는 끊임없이 호킹을 아인슈타인과 비교하며 찬사를 보냈지만 정작 본인은 이에 대해 별 관심이 없었다. 그는 자신을 아인슈타인과 견주는 것을 '나나 아인슈타인의 연구에 대해 알지 못하는 사람들의 말장난'일 뿐이라고 말했다. 제인은 언론의 관심 때문에 힘들었다. 그녀는 언론의 눈에 자신이 일종의 부속품이나 구경거리로 비쳐지고 있다고 믿었다. 자신은 그저 먼 과거에 호킹과 결혼해서 세 아이를 낳고 가정을 일군 보조적인 인물로만 비쳐진다고 생각했다. 그리고 자신이 언론의 관심을 충족시켜주기 위해 순종하는 서커스 동물과 같다는 사실에 화가 났다. 지속적인 언론의 관심은 로버트와 루시에게도 큰 부담이 되었다. 당시에 루시는 옥스퍼드 입학을 결정할 시험을 준비하고 있었고, 로버트는 기말시험으로 바빴다. 루시는 나중에 당시 상황에 대해 이렇게 말한다.

"우리가 평범한 가족이 아니기는 했지만 가까스로 균형을 유지하고 있었어요. 하지만 간호사들과 함께 생활하는데다 아버지는 갑작스런 유명세에 시달리고 여행도 더 잦아지면서 집 안의 상황이 바뀌었죠. 유명세를 얻으면 누구든 바뀌기 마련이고 아버지도 마찬가지였어요."

호킹의 연구실도 유명세로 몸살을 앓았다. 결국 주디 펠라와 대학원생인 닉 필립스는 두 손을 들고 물러났다.

언론에서는 호킹 가족을 비현실적으로 과대포장하고 이상화하려 했다. 언론의 이러한 조작에 제인은 맹렬히 반박하기도 했다. 그녀는 언론과의 인터뷰에서 자신들이 얼마나 고생을 했는지 솔직히 말하기 시작했다. 때로는 잔인할 정도였다. 심지어 그녀는 기자들에게 자신의 역할은 '스티븐에게 당신은 신이 아니라고 말해주는 것' 이라고 말하기까지 했다. 그녀는 자기 가족이 주변의 도움 없이도 활기찬 생활을 유지할 수 있다는 환상을 깨뜨려야 한다고 생각했다. 그것은 그들이 경험한 고통과 불안을 똑같이 겪고 있을 장애인 가족들을 속이는 일이라고 생각했기 때문이다. 그녀는 사람들이 다른 장애인 가족들에게 '왜 호킹 가족처럼 살지 못하냐' 고 비난할까봐 두려웠다. 실제로 전기 작가 키티 퍼거슨^{Kitty Ferguson}도 이렇게 말했다. "제인 호킹 같은 사람을 아내로 둔 장애인이 몇이나 될 것이며, 호킹처럼 집중력과 자기 통제력을 가진 사람이 몇이나 될까. 또 호킹의 천재성을 가진 사람은 몇이나 될까."

충격적인 이혼과 무성한 소문의 숲

호킹 가족이 온갖 제약을 이겨낸 완벽한 가족이라는 대중의 잘못된 믿음은 결국 깨지고 무너져 내릴 수밖에 없었다. 그것은 제인이나 호킹 어느 한 사람만의 문제는 아니었다. 스티븐이 자신의 간호사 중 한 명인 일레인 메이슨과 사랑에 빠진 것이다. 스티븐이 예전에 제인과 조나단에게 했던 것처럼 제인 역시 스티븐과 일레인의 관계를 받아들일 준비가 되어 있었다. 스티븐과 일레인이 신중하게 처신하여 아이들에게 피해를 주지 않는다면 말이다. 또, 자신과 스티븐의 관계를 무시하지 않는다는 조건도 포함되었다. 1989년에 루시는 프랑스어와 스페인어를 공부하기 위해 옥스퍼드로 떠났고, 로버트는 글래스고에서 박사 과정을 밟고 있었다. 그리고 스티븐은 제인에게 자신이 그녀를 떠나 일레인과 함께 살겠다는 편지를 전했다. 공식적인 이혼은 결혼 25주년을 얼마 남기지 않은 다음 해 2월에 이루어졌다.

모든 일이 매우 조심스럽게 처리되었기 때문에 언론은 여름까지 호킹 부부의 이혼에 대해 전혀 알지 못했다. 그러나 얼마 후 예상했던 대로 무자비한 공격이 이어졌다. 제인은 나중에 당시 상황을 이렇게 묘사했다. "언론은 집 앞에서 짖어대는 사나운 사냥개들이고 우리는 그들의 사냥감 같았습니다."

이 소식을 접한 전 세계의 물리학자들은 슬프고 당혹스러웠다. 그들 대부분이 오랫동안 호킹 가족의 화목한 모습을 봐왔기 때문이다. 둘 중 누군가가 배신을 했다는 소문도 있었고, 종교적 차이로 헤어졌다는 소문도 퍼졌다. 사람들의 반응은 제인이 생각하던 그대로였다. 사람들은 그들 가족에 대해 비현실적인 환상을 갖고 있었던 것이다. 그게 아니라면 이혼 혹은 남녀의 헤어짐은 그렇게 충격적일 것도 없지 않은가. 수많은 사람들이 결혼과 배신, 이혼이라는 과정을 겪는다. 그들처럼 20년 넘게 결혼생활을 한 사람들도 예외는 아니다. 한 조사에 따르면 일반 가정보다 장애인 가정의 이혼율이 훨씬 더 높다고 한다. 호킹 가족이 마치 인간사를 초월한 것처럼 우상이 되었을 뿐 실제로는 다른 가족들과 다르지 않았다.

사실 호킹 부부의 이혼은 참담한 실패나 파국과는 거리가 멀었다. 애초에 아무도 그들이 20년 이상 결혼생활을 유지할 거라고 예상하지 못했으니 말이다. 그들은 세 명의 훌륭한 아이들을 키워냈으며 오랜 세월 동안 스티븐의 고난과 역경도 함께 이겨냈다. 호킹은 그 어떤 누구보다도 자신이 행운아였음을 감사히 받아들이고 있었다. 호킹은 대중강연에 나설 때마다 자신의 가장 큰 업적은 살아있는 것이고, 병이 처음 나타났을 때보다 증상은 더 심해졌지만 오히려 지금이 더 행복하다고 말했다. 그는《시간의 역사》서문에서, 아내 제인과 세 아이들의 도움 덕분에 자신이 비교적 평범한 삶을 살 수 있었고 지금의 업적을 이룰 수 있었다고 말한다.

다행히 호킹 부부의 이혼이 장애인 권리의 상징적 존재인 호킹의 영향력에 변화를 가져오지는 않았다. 한 예로 브리스톨 대학은 '호킹 하우스' 로 이름붙인 장애인 학생 기숙사를 건립했다. 또한 생 살바도르에는 시각장애인들을 위한 과학박물관이 호킹의 이름으로 건립되었다. 호킹은 공개석상에서 이렇게 말한다.

"장애를 가진 아이들이 또래 아이들과 섞여 지내며 도움을 받는 것은 매우 중요합니다. 어린 시절의 경험이 그들의 자아를 결정하기 때문입니다. 아이들이 어릴 적부터 홀로 지내게 된다면 자신이 인류의 일부라는 것을 느낄 수 없을 것입니다."

호킹의 인생에서 많은 것이 변화하고 정리되던 이 시기에 아직 한 가지 해결되지 않은 사건이 있었다. 바로 백조자리 X-1이 블랙홀인가를 놓고 벌인 킵 손과의 내기가 15년 이상 미해결로 남아 있었던 것이다. 예전에 스티븐 호킹은 '백조자리 X-1은 블랙홀을 포함하지 않는다' 는 데 〈펜트하우스〉의 1년 구독권을 걸었고, 킵 손은 반대의 경우에 〈프라이빗 아이〉의 4년 구독권을 걸었다. 킵의 아내와 부모는 내기에 걸려 있는 게 무엇인지 알고 나서 매우 황당해했다. 하지만 스티븐이 실제로 내기에서 이길 확률은 점점 낮아지고 있었다. 왜냐하면 백조자리 X-1에 관한 증거가 조금씩 나오고 있었기 때문이다. 1990년 6월에 킵이 모스크바로 떠나있는 동안 스티븐과 그의 동료들은 캘리포니아 공과대학에 있는 킵의 연구실에 들렀다. 스티븐은 내기의 내용이 적힌 종이를 찾아서 잡지를 양도하겠다는 내용을 적고는 지장을 찍었다. 이렇게 이번 내기는 스티븐의 패배로 일단락되었지만, 스티븐의 앞에는 훨씬 더 많은 내기들이 기다리고 있었다.

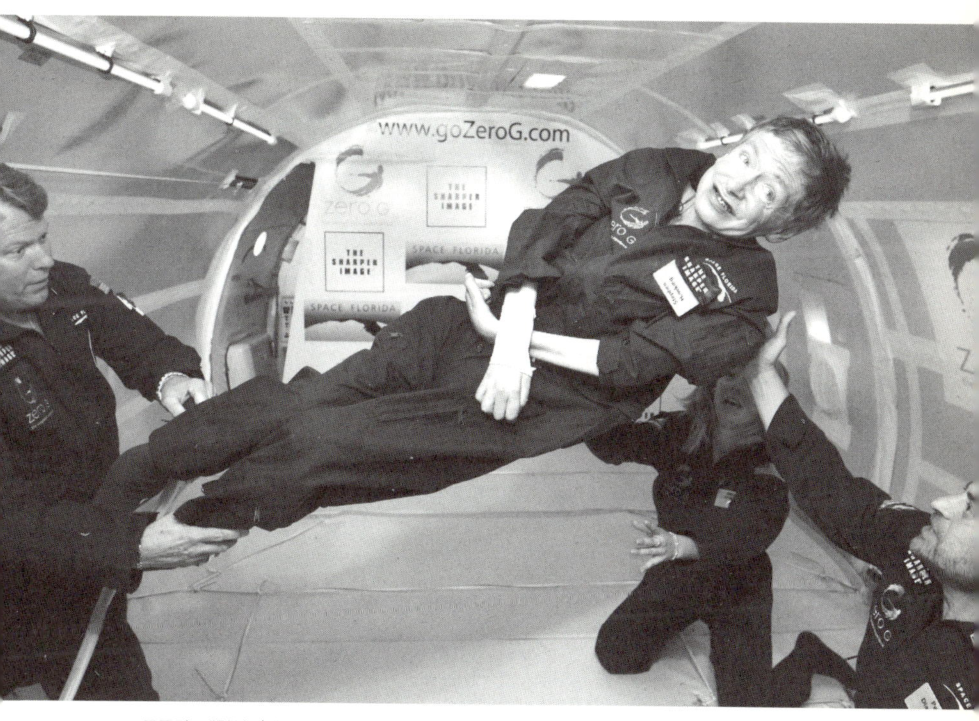

무중력 체험선 '제로 그래비티(Zero Gravity)'에 승선해 무중력 상태를 체험하는 호킹, 2007.
AP/Zero Gravity Corp.

육체적 장애는 어떤 제약도 되지 않습니다.
다만 영혼의 장애가 제약이 될 뿐입니다.

— 스티븐 호킹

대범하게 세상을 누비다

1991년 3월 5일, 비오는 밤이었다. 11시경에 호킹은 집으로 돌아가는 중이었다. 그는 자신의 뒤를 열심히 따라오는 간호사와 함께 길을 건너고 있었다. 차 한 대가 다가오고 있었지만 그는 반대편으로 갈 수 있는 시간이 충분하다고 계산했다. 하지만 그가 틀렸다. 속도를 내며 달려오던 택시가 그의 뒤쪽을 가격하며 그를 길 위로 내동댕이친 것이다. 호킹의 휠체어는 심하게 훼손되었고 그의 수족과 같은 컴퓨터 시스템도 망가져버렸다. 팔이 부러졌고 이마는 찢어져 피가 났다. 하지만 다행히 그는 이틀 만에 퇴원해서 연구실로 돌아올 수 있었다. 언론은 이 사건을 크게 보도했다. 이 사고는 죽음 직전까지 간 사고로 둔갑되어, 그의 명성만큼 흥미진진한 대화의 소재가 되었다. 호킹은 과학자 또는 장애를 가진 비범한 천재로서, 또는 무신론자로서 항상 논란의 중심에 있었다.

1985년에 칼 세이건은 소설 《콘택트》를 집필하고 있었는데, 친구인 킵 손에게 그 원고를 보냈다. 세이건은 소설 속에서 다룰 물리학적 내용 때문에 조언을 구하고자 했다. 다른 공상과학 소설의 작가들처럼 그 역시 여주인공을 눈 깜짝할 사이에 지구 바깥의 매우 먼 곳으로 보내고 싶었던 것이다. 킵 손은 그에게 웜홀을 제안했다. 물론 킵 손은 실제로 웜홀(호킹의 웜홀과는 다르게)을 통해 시공간 여행을 할 수 있을지는 확신할 수 없었다. 그 후에 손은 자신의 대학원생과 웜홀을 진지하게 연구하기 시작했다. 손이 웜홀에 매료된 이유는 그것이 존재한다면 공간여행뿐만 아니라 시간여행도 가능하기 때문이었다. 적절한 조건 아래서 여행자는 웜홀을 통해 과거의 어느 시점으로 되돌아갈 수도 있다. 그러면 역사는 바뀌는 것이다.

시간여행 이론에 등장하는 소위 할아버지 역설(grandfather paradox)은 일반적으로 이렇게 설명할 수 있다. 시간여행자는 과거로 시간여행을 할 수 있으므로 자신의 조부모를 죽이거나 또는 조부모가 자신의 부모님을 잉태하기 전에 그들의 결혼을 막을 수 있다는 것이다. 이것은 여행자가 결코 태어날 수 없다는 것을 의미한다. 그렇다면 여행자가 애초에 어떻게 조부모의 결혼을 막을 수 있을까? 이 같은 할아버지 역설은 영화 〈백 투더 퓨처〉에서 기본적인 줄거리로 등장하기도 한다. 한편, 시간여행에서 과거로 여행할 수 있게 해주는 시공의 경로를 '닫힌 시간 꼴 곡선'*이라고 부른다. 과거로 시간을 거슬러 올라가는

---

* 닫힌 시간 꼴 곡선(closed time-like curve) : 아인슈타인 이론에서 시간을 거슬러 올라가는 경로로 입자가 시간을 거슬러 올라갈 수 있도록 한다.

현상은 미시적인 수준(입자)에서 끊임없이 발생한다. 캐시미어 효과 (Casimir effect : 진공상태에서 전도된 두 금속판의 인력이 관찰되는 현상으로 가상의 입자가 존재한다는 증거)를 극대화시키면 타임머신의 제작도 가능한 것이다. 가상의 입자-반입자 쌍이 끊임없이 생성과 소멸을 반복한다고 생각하는 대신에, 하나의 입자가 시간 속에서 앞뒤로 반복해서 움직인다고 생각해볼 수 있다. 같은 날을 반복해서 살아가는 영화 〈사랑의 블랙홀〉의 빌 머레이[Bill Murray]처럼 말이다. 그렇다면 실제로 입자가 과거로 거슬러 올라갈 수 있을까? 그리고 만약 가능하다면 인간이 과거로 시간여행을 하는 데 그것을 이용할 수 있을까?

킵 손을 비롯한 다른 과학자들은 여행할 수 있는 웜홀을 만들기 위해서는 구멍을 열린 채로 묶어둘 음의 에너지 밀도를 가진 외부물질을 사용해야 한다는 것을 알아냈다. 현실에서 음의 에너지라는 것은 불가능하지만 양자역학에 일말의 희망을 걸어볼 수 있다. 양자역학에 따르면 무에서 에너지를 빌려오는 것이 가능하기 때문이다. 따라서 이론상으로는 음의 에너지를 만드는 것이 가능하다. 비록 실제로 사용 가능한 웜홀을 만들 정도의 음의 에너지를 만드는 기술이 오늘날에는 없지만 말이다. 어쨌든 킵 손은 이론상으로 시간여행이 가능할지도 모른다고 생각했다. 그는 미래에 과학 기술이 더욱 진보한 세상에서는 음의 에너지를 대량으로 생산할 수 있을 것이라고 믿었다. 그런데 이와 같은 웜홀이론에는 심각한 허점이 있었다. 킵 손의 계산에 의하면 웜홀 타임머신은 켜는 순간 엄청난 폭발과 함께 파괴될 것이라고 예측되기 때문이다. 그래도 이들은 웜홀이 그 폭발에서 살아남을 수 있는 몇 가지 경우를 발견했다. 시간여행에 대한 일말의 희망은 여전히 남아 있는 것이었다.

호킹은 이에 대한 킵 손의 논문을 읽고 격렬하게 반대했다. 킵 손은 당시의 상황에 대해 이렇게 말했다. "한 과학자가 다른 과학자의 이론이 틀렸다고 믿을 때, 우리는 정중함을 기대하기 힘들다." 호킹은 킵 손의 이론이 틀렸다는 것을 증명하기 위한 연구에 착수했다. 그 결과 연대기보호가설(chronology protection conjecture)이 탄생했다. 호킹은 자연의 법칙은 닫힌 시간 꼴 곡선의 등장을 막는다는 증거를 제시했다. 그는 특유의 유머감각을 발휘해 이렇게 말했다. "아마도 역사학자들의 혼란을 막기 위해서는 닫힌 시간 꼴 곡선의 등장을 막는 연대기보호기관이 필요할 것이다." 그리고 나중에 이렇게 덧붙였다. "시간여행이 불가능하고 앞으로도 불가능할 것이라는 가장 좋은 증거는 우리가 미래에서 온 여행자의 침입을 받지 않았다는 것이다." 그 논문은 검토를 위해 킵 손에게 보내졌고 그는 그것을 역작이라고 불렀다. 호킹은 킵 손의 60세 생일에 웜홀 타임머신의 성공 확률을 계산했는데 그 결과는 $1/10^{608}$이었다.

언론의 집중조명을 받는 스타가 되다

1989년 봄, 호킹은 LA의 프로듀서 고든 프리만$^{Gordon Freeman}$의 연락을 받았다. 《시간의 역사》를 영화로 제작하고 싶다는 것이었다. 스티븐 스필버그의 제작사인 엠블린 엔터테인먼트도 감독 선택권을 조건으로 제작비용을 지원하겠다고 했다. 엠블린 엔터테인먼트에서 선택한 감독은 바로 에롤 모리스$^{Errol Morris}$였다. 에롤은 아카데미상을 수상한 다큐멘터리 감독으로 프린스턴에서 존 휠러의 지도를 받기도 했다. 그는 프린스턴에서 과학철학과 역사를 전공했다. 호킹이 생각한 영화는 책의 내용을 영상으로 옮겨놓는 것이었다. 다시 말해서 과학자가 아닌, 과학에 대한 영화가 되기를 원했다. 하지만 촬영이 진행되면서 그는 자신의 가족과 친구들의 인터뷰가 많다는 것을 알아챘다. 그리고 그 영화가 반은 자신의 전기가 될지도 모른다는 것을 뒤늦게 깨달았다. 제인은 영화에 출연해 달라는 제의를 받았지만 당연히 거절했다. 일레인 메이슨도 마찬가지였다. 호킹은 카메라 앞에서 자신의 사생활에 대해 말하지 않았다.

이 영화는 1992년 8월 14일에 할리우드의 한 극장에서 개봉했다. 영화 상영 후에는 ALS 협회 주최로 칵테일 파티가 이어졌다. 호킹은 자신의 어머니를 영화의 스타로 만들어준 에롤 모리스에게 감사를 표했다. 비록 몇몇 비평가들은 그의 이혼이 영화에서 크게 다뤄지지 않은 것을 비난했지만, 전체적으로 평이 매우 좋았다. 이 영화는 결국 수

많은 상을 받았는데, 그중에는 선댄스 영화제의 심사위원 대상과 제작상, 미국영화비평협회 제작상이 포함되어 있다.

다음 해 3월에 영화는 가정용 비디오로 출시되었다. 출시 파티에는 오리지널 〈스타트렉〉 시리즈에서 미스터 스팍 역을 연기한 배우 레오나드 니모이Leonard Nimoy가 참석했다. 고든 프리만은 니모이에게 호킹이 〈스타트렉〉의 오랜 팬이라고 소개했다. 이 만남을 계기로 니모이는 〈스타트렉:다음 세대〉의 총 프로듀서인 릭 버만Rick Berman에게 연락을 취했고 호킹의 카메오 출연이 결정되었다. 재미있는 것은 호킹이 자신의 홀로그램을 연기했다는 것이다. 스타트렉의 안드로이드인 데이터가 호킹과 아인슈타인, 아이작 뉴턴의 홀로그램과 포커를 치는 장면이었다. 호킹은 이 장면에서 모두의 코를 납작하게 하지만 불행히도 공습경보가 울리는 바람에 딴 돈을 회수할 수는 없었다. 호킹이 세트장에 나타났을 때 스태프들과 연기자들은 평생 잊지 못할 인상을 받았다. 극중에서 데이터를 연기한 배우 브렌트 스파이너Brant Spiner는 당시를 이렇게 회상한다. "〈스타트렉〉에 출연하면서 경험했던 것 중 최고였다."

호킹이 〈스타트렉〉에 출연한 이후로 더 많은 기회가 찾아왔다. 록그룹 핑크 플로이드Pink Floyd의 〈The Division Bell〉 앨범에 수록된 'keep talking' 이라는 곡에는 호킹의 컴퓨터 음성이 샘플링되었다. 1993년에는 밴텀 출판사에서 그의 두 번째 대중적인 책이 출간되었다. 그의 에세이와 강연, 인터뷰 등을 모은 것으로 제목은 《블랙홀과 아기 우주》였다. 많은 사람들이 이 책을 전작보다 읽기 쉬운 책이라고 생각했다. 한 비평가는 이렇게 평하기도 했다. "호킹은 오늘날의 과학은 우주의 깊은 곳을 탐구할 뿐만 아니라 철학적 세계에도 깊이 관여한다는 것을 명확히 인식하고 있다. 이 책에는 호킹의 그러한 인식과 엉뚱한 유머감각 곳곳에 펼쳐져 있다."

호킹의 유명세는 그의 동료들에게도 혜택이 되었다. 일본의 IT 회사인 NEC가 호킹과 끈이론가인 데이비드 그로스의 일본 순회강연을 후원했다. 그로스와 호킹은 강연을 하면서 일본을 여행할 수 있었다. 그로스는 당시의 일본 여행에 대해 이렇게 말했다. "스티븐과 여행을 하다보면, 다른 때라면 절대 만나지 못할 부류의 사람들과 만나게 됩니다. 그는 모든 가능성의 문을 열어놓기 때문이지요." 호킹은 어디를 가나 새로운 것을 시도하고 싶어했다. 그는 일본 여행 중에 가라오케 바에 가자고 고집했다. 사람늘은 호킹과 함께 가라오케에 가서 비틀즈의 'Yellow Submarine'을 불렀는데, 호킹은 후렴구에 'Yellow Submarine'이 반복되는 부분을 따라 불렀다. 그로스는 나중에 호킹은 아마 지금도 'Yellow Submarine'이라는 음성이 특별히 프로그램 된 버튼을 가지고 있을 거라고 농담을 했다.

호킹은 바쁜 일정 속에서도 1993년에 두 권의 학술간행집을 출간했다. 그중 한 권은 블랙홀과 빅뱅에 관한 그의 논문을 모아놓은 것이었다. 그는 이 책을 다음과 같이 소개했다.

지나고 보니 내가 마치 우주의 기원과 진화에 관한 미스터리를 해결하려는 거대한 계획을 가진 것처럼 보일 수도 있다는 생각이 든다. 하지만 실제로 그런 것은 아니다. 나에게 거대한 계획 같은 것은 없었다. 그저 내 직감에 따라 당시에 흥미롭고 가능성 있어 보이는 것을 따라갔을 뿐이다.

또 다른 책은 게리 기본스와 공동 작업한 것으로 유클리드적 양자 중력에 관한 논문들을 모아 놓은 것이다. 이 책에는 그 분야에서 중요한 37개의 논문이 포함되었는데, 그중 16개가 호킹이 집필했거나 공동 집필 한 것이었다. 이것만 보아도 그가 양자중력 분야에서 얼마나 독보적이었는지 알 수 있다.

1994년 호킹과 로저 펜로즈는 케임브리지 대학의 아이작 뉴턴 연구소에서 실제 적용 가능한 양자중력이론의 전망과 시공간의 특성에 대한 토론을 개최했다. 참가자들은 세 번의 강연을 통해 자신들의 철학적, 과학적 견해를 밝힐 수 있었다. 호킹은 자신이 '실증주의자(positivist)' 라는 관점을 택하고 이렇게 설명했다. "나는 이론이 현실과 일치해야 한다고 생각하지 않습니다. 왜냐하면 나는 현실이 무엇인지 모르기 때문이지요. 현실은 우리가 리트머스 종이로 실험해볼 수 있는 그런 것이 아닙니다. 내가 관심을 갖는 것은 이론으로 관측 결과를 예측할 수 있어야 한다는 것뿐입니다." 그는 같은 맥락에서 가상의 시간이 우리가 실제라고 인지하는 시간보다 훨씬 더 중요할지도 모른다고도 말했다. 당시의 강연들은 1996년에 책으로 출간되었다.

불구의 몸에 더 이상 갇혀 있지 않다

스티븐과 제인은 1995년 봄에 이혼 절차를 마쳤다. 그리고 제인은 마이크로소프트에서 일하는 로버트를 만나기 위해 7월에 시애틀로 떠났다. 언론에서는 스티븐과 일레인이 9월에 결혼 날짜를 잡았다는 소식을 전했다. 그 시기에 스티븐은 콜로라도에 있는 영향력 있는 아스펜 물리학 센터의 회원이 되었다. 또, 아스펜 뮤직 페스티벌의 한 연주회에서 연주될 곡을 소개해달라는 요청을 받았다. 그는 이 자리에서 자신의 새 약혼녀에게 바그너의 '지그프리트의 목가'를 헌정했다. 다시 한 번 스캔들을 감지한 언론은 즉각 호킹의 일거수일투족에 지나친 관심을 쏟았다. 어떤 매체들은 일레인이 스티븐과 결혼하는 이유가 그의 상당한 재산 때문일지도 모른다는 의문을 제기하기도 했다. 일레인의 전 남편이자 스티븐의 휠체어에 컴퓨터를 설치해준 인물이기도 한 데이비드 메이슨은, 일레인과의 결혼이 파탄 난 직후에 스티븐과 일레인을 비난하기도 했지만 그 이후에는 언론의 공격을 받는 일레인을 공개적으로 옹호했다.

제인은 이제 케임브리지의 집에서 조나단과 티모시와 함께 살게 되었다. 미국에서 돌아온 제인은 맥밀런 출판사의 수잔 힐로부터 편지를 받았다. 자서전을 써보라는 제안이었다. 물론 전에 제인은 자서전을 쓰는 것에 대해 진지하게 고민한 적이 있었다. 하지만 제인은 프랑스에 사두었던 집 '물랭'을 개조했던 경험을 기록하는 데만 모든 에너지를 쏟았다. 또한 그녀는 자신의 회고록에 많은 출판사들이 목을 매고 있다는 사실을 알고 있었다. 그녀는 사악한 에이전트의 꾐에 넘어가 모든 것을 털어놓으라는 그들의 요구에 굴복하고 싶지 않았다. 그래서 1994년 여름에 계약기간이 끝날 때까지 기다렸다가 '물랭'의 개조 이야기를 담은 《프랑스의 집에서 At home in France》를 출간했다.

수잔 힐이 제인에게 자서전을 제안했을 당시는 스티븐이 재혼하기 며칠 전이었다. 그때 제인은 지금이야 말로 과거를 정리하고 앞으로 나아가야 할 때라고 생각했다. 이제 고통에서 벗어나 과거를 차분히 돌아볼 수 있을 정도로 충분히 시간이 지났다고 생각한 것이다. 스티븐과 일레인은 9월 16일에 교회에서 검소한 결혼식을 올렸고, 제인은 자서전을 쓰기 시작했다.

《시간의 역사》는 엄청난 성공을 거두었지만 호킹은 그 책이 대중적인 수준의 책으로는 부족한 점이 많다고 생각했다. 그래서 호킹은 《시간의 역사》의 개정작업을 시작했다. 웜홀과 시간여행에 관한 내용도 새롭게 추가했고 칼라 삽화를 삽입했다. 허블 천체 망원경으로 찍은 사진뿐만 아니라 추상적인 물리학 개념을 설명하는 데 도움이 되는 이미지도 포함되어 있었다. 삽화를 넣은 《시간의 역사》는 1996년 11월에 출간되었다.

1990년대에 호킹은 장애인들의 권리옹호 활동도 활발히 했다. 1995년 여름에는 왕립 앨버트 홀에서 강연을 했는데 5천석이 모두 매진되었다. 그는 이 강연의 모든 수익을 ALS 자선단체에 기부했다. 또한 런던의 과학박물관에서는 장애인들을 위한 기술혜택에 관한 전시가 열렸는데, 호킹은 이 전시에 자신의 이름을 빌려주었을 뿐만 아니라 직접 참여하기도 했다.

호킹은 자신의 명성을 연구를 위한 수단으로도 사용하기 시작했다. 1997년 1월에 그는 카디프, 듀어햄, 옥스퍼드, 서섹스, 런던대학, 왕립 칼리지, 그리고 에든버러 왕립 관측소에 몸담고 있는 영국의 우주론자들을 불러 모아 '코스모스COSMOS 컨소시엄'을 결성했다. 호킹의 주도로 이들은 우주론 연구를 위한 최첨단 슈퍼컴퓨터 시설을 건립하기 위해, 실리콘 그래픽스, 인텔을 비롯한 여러 조직으로부터 자금과 전문지식을 지원받았다. 호킹은 연구 주임이라는 직함 아래 실리콘 그래픽스와 지속적으로 연락하며 컨소시엄을 위한 중개인의 역할을 했다.

호킹 가족은 3월에 놀라운 소식을 접했다. 뉴욕에서 기자로 일하고 있던 루시가 남자친구인 알렉스 맥켄지 스미스Alex Mackenzie Smith(보스니아에 있는 UN 평화봉사단원)와 사귀는 중에 아이를 가졌으며 영국에서 함께 살 거라는 소식을 전해온 것이다. 또한 제인과 조나단은 그들의 오랜 친구이자 전직 사제인 빌 러블리스의 주재로 1997년 4월에 마침내 결혼식을 올렸다. 몇 달 후 루시는 그녀의 부모에게 첫 손자인 윌리엄을 안겨주었다.

스티븐 역시 새로운 프로젝트를 진행하느라 여념이 없었다. 《시간의 역사》가 이례적인 성공을 거둔 후에 그는 옥스퍼드 조정팀에서 함께 활동했던 오랜 친구 데이비드 필킨^{David Filkin}의 연락을 받았다. BBC TV의 과학 부장으로 일하고 있던 필킨은 호킹의 연구를 여러 편의 TV 시리즈로 제작하자고 제안했다. 스티븐은 과거에 만들어졌던 것처럼 '불구의 몸에 갇힌 뛰어난 두뇌의 과학자'를 조명하는 자극적인 프로그램은 사양하겠다는 뜻을 확실히 밝혔다. 그리고 자신은 순수하게 과학만을 담아낸 작품을 원한다고 말했다. BBC는 미국공익방송과의 협력으로 총 여섯 개의 에피소드를 제작했다. 시리즈의 제목은 '스티븐 호킹의 우주(Stephen Hawking's Universe)'로 1997년 방영되었으며 동명의 책도 함께 출판되었다. 이 시리즈 속에서 호킹은 이렇게 말했다.

"우리가 우주를 덮고 있는 패널을 열고 그 안을 들여다 볼 수 있다면, 우리는 우주를 작동시키는 작은 바퀴들이 어떻게 움직이는지 이해할 수 있을지도 모른다. 그리고 우리가 우주의 작동을 어느 정도 통제하고 있다는 느낌을 받을지도 모른다. …… 다행히도 우리에게 우주를 다시 조립해 놓으라고 말하는 사람은 아무도 없다."

자연은 때로 싫은 일을 하기도 한다

호킹의 엉뚱한 유머감각은 캘리포니아에서 있었던 대중강연에서 어김없이 발휘되었다. 그곳에서 그는 또 다른 내기를 걸었던 것이다.

1991년 9월 24일에 호킹은 노출 특이점을 놓고 캘리포니아 공과대학의 존 프레스킬, 킵 손과 내기를 했다. 비록 우주검열추측이 사실인가에 관한 확실한 증거는 없었지만, 호킹은 그것이 사실이라는 데 기꺼이 내기를 걸었다. 패자는 승자에게 '노출'을 감춰줄 옷을 주기로 되어 있었다. 그리고 1997년에 프린스턴 대학의 드메트리오스 크리스토둘루와 오스틴 텍사스 대학 중력센터의 매튜 춉튜익^{Matthew choptuik}은 매우 특화된 환경 아래서 사건의 지평선 없이 특이점이 형성될지도 모른다고 제안했다.

하지만 이를 위한 미세조율은 거의 불가능에 가까웠다. 그래서 호킹은 1997년 2월 5일에 마지못해 자신의 패배를 인정했다. 그는 손과 프레스킬에게 티셔츠를 한 장씩 보냈다. 그 티셔츠에는 타월 한 장을 헐렁하게 걸친 나체의 여인이 그려져 있었고, 그 위에는 '자연은 노출 특이점을 싫어한다'고 쓰여 있었다. 일레인 호킹과 캐롤리 손^{Carolee Thorne}은 이를 보고 황당함을 금치 못했다. 스티븐은 내기에 관한 한 다소 옹졸한 면이 있었는데, 이는 내기 결과를 인정하기 싫다는 호킹의 표현방법이었다. 하지만 나중에 크리스토둘루는 자신의 계산을 수정했다. 그리고 어쩌면 호킹이 너무 성급하게 패배를 인정한 것인지도 모른다고 생각했다. 한편, 내기에서 졌다고 믿고 있던 호킹은 프레스킬과 킵 손에게 즉시 새로운 내기를 제안했다. 단 두 가지 조건이 있었다. 첫째, 노출 특이점은 특별한 조건 아래서가 아니라 일반적인 상황에서 발생해야 한다. 둘째, 패자는 진심으로 패배를 인정해야 한다.

1997년 빌 클린턴 대통령은 백악관에서 3년에 걸쳐 밀레니엄 이브닝 행사를 주재했다. 이 행사는 8개의 강연과 전시로 이루어졌다. 이 중 두 번째 행사였던 스티븐의 강연회가 1998년 3월 6일에 열렸다. 강연의 제목은 '상상과 변화 : 21세기의 과학' 이었다. 그는 이 강연을 우리 사회에 임박한 위험을 경고하는 기회로 삼았다. 인구과잉과 과다한 전기소비 같은 것이었다. 그는 21세기의 과학에 대해 "다음 세기에는 인간의 유전자가 완전히 재설계될 것이다."라고 예측했다. 또한 많은 사람들이 인간 유전자공학을 반대할지도 모르지만 자신은 그런 연구를 막는 것이 가능한지 모르겠다고 말했다. 그는 우리가 살고 있는 세계가 전체주의적인 질서를 가지고 있지 않는 한, 지구상의 누군가는 진보된 인간을 설계하게 될 것이라고 말했다. 그는 또한 인류가 지구상의 모든 생명체를 파괴할지도 모른다고 따끔하게 경고했다. 호킹은 다시 한 번 기술의 오용과 핵무기 위협에 대한 관심을 이끌어낸 것이다.

우리가 스스로 완전히 자멸하지는 않겠지만 영화 〈터미네이터〉의 시작 장면에서처럼 잔혹한 야만의 상태로 전락할지도 모릅니다. 하지만 나는 낙관주의자입니다. 나는 우리가 아마겟돈과 새로운 암흑기를 피할 수 있다고 생각합니다.

1998년은 《시간의 역사》 출간 10주년이 되는 해였다. 이를 기념하기 위해 밴텀 출판사는 새롭게 개정된 '10주년 기념판' 을 선보였다. 이 10년 동안 호킹의 삶에도 많은 변화가 있었다. 나쁜 일들보다는 좋은 일들이 더 많았다. 그의 유명세는 10년 동안 점점 커져서 그는 과학에 관한 비공식 대변인의 역할을 이제 만년에 접어든 칼 세이건으로부터 넘겨받을 준비가 된 것이었다. 대중들은 그의 말 한 마디 한 마디에 귀를 기울였지만, 그의 동료들 중에는 그에게 냉소적인 시선을 보내는 사람들도 없지 않았다.

나는 일생 동안 내 앞에 놓인 커다란 문제에
매료되어 있었고 그 문제를 풀기 위해 분주했습니다.
아마도 그 때문에 물리학에 대한 나의 책이 섹스를 다룬
마돈나 책보다 많이 팔렸을 것입니다.

— 스티븐 호킹

명성과 그 이면의 사생활

1998년 초반에 호킹의 명성은 과학계에서나 대중들 사이에서나 정점에 있었다. 그가 케임브리지의 동료 닐 투록^{Neil Turok}과 공동 집필한 논문이 3일 만에 심사를 통과한 것만 봐도 알 수 있었다. 호킹은 투록과의 공동 연구를 통해 인플레이션 우주가 발생하는 새로운 방법을 밝혀내려고 했다. 과거의 인플레이션 모형과 새로운 인플레이션이라고 불리는 모형이 공유하는 우주에 대한 확실한 예측이 있었는데, 바로 우주가 유클리드적으로 평평하다는 것이었다. 다시 말해서 우주의 평균 밀도가 임계 밀도와 일치하도록 미세조율이 되었다는 뜻이다. 따라서 우주의 밀도가 아주 조금만 더 커져도 우주는 결국 스스로 붕괴하게 되는 것이다(닫히게 된다).

이전에 투록과 프린스턴의 마틴 부처^{Martin Bucher}, 뉴욕주립대의 알프레드 골드하버^{Alfred Goldhaber}는 열려 있지만 여전히 인플레이션 하는 우주를 발생시키는 방법을 발견했다. 반면 호킹은 무경계 제안에 대한 연구를 통해 닫힌 우주는 인플레이션 모델과 조화될 수 없다고 예측했다. 나중에 케임브리지에서 열린 인플레이션에 관한 세미나에서 호킹과 투록은 그들의 모델을 결합하는 것에 대해 이야기를 나누었다. 이를 통해 그들은 우주가 질량 약 1g 정도의 작고 유한한 '콩'에서 시작하는 것이 정말로 가능하다는 것을 발견했다. 그 이후에 우주가 오늘날 관측되는 것과 같은 무한한 열린 우주로 인플레이션 한다는 것이다. 하지만 그들의 모형에는 심각한 허점이 하나 있었다. 바로 그들의 모형에 따르면 많은 수의 우주가 존재할 수 있으며, 이 우주들 중 대부분에는 물질이 존재하지 않는다는 것이었다. 호킹은 지능을 가진 생명체의 존재를 뒷받침할 수 없는 이러한 설명을 배제하기 위하여 다시 한 번 인본원리에 의존했다.

이 논문은 물리학계에서 즉각적인 관심을 불러일으켰다. 하지만 긍정적인 관심만 있는 것은 아니었다. 어떤 사람들은 논란의 여지가 많은 무경계 제안을 사용한 두 사람을 비난했고, 또 어떤 사람들은 인본원리를 심각하게 받아들이는 것을 염려했다. 이들의 논문을 가장 공개적으로 반대한 사람은 캘리포니아 스탠퍼드 대학의 교수이자 호킹의 오랜 친구인 안드레이 린데였다. 호킹과 투록이 논문 예고를 발표한 직후에, 린데는 자기 나름대로 긴 반박문을 작성했다. 린데는 그들의 모형이 기껏해야 우주가 텅 비어 있다는 사실만을 보여주고 있다고 생각했다. 그들은 현재 관측된 물질의 밀도가 약 1/30이라는 것을 포함시켰던 것이다. 투록은 자신들의 계산은 하나의 단순한 모형으로 이루어졌기 때문에, 좀 더 현실적인 모형을 사용하면 더 나은 결과를 산출할 수 있을 거라고 반박했다.

언론은 이들 사이의 논쟁을 눈치 채고 그것을 지식전쟁인 것처럼 과장해서 보도했다. 실제로는 그저 평범한 과학적 논쟁이었을 뿐인데 말이다. 영국의 〈맨체스터 가디언*Manchester Guardian*〉, 〈런던 텔레그래프*London Telegraph*〉, 〈사이언스*Science*〉 지에 이에 관한 기사가 등장했고, 스탠퍼드 대학의 온라인 뉴스레터에도 그들의 논쟁에 관한 기사가 실렸다. 린데는 호킹에 대해 이렇게 말했다. "스티븐은 굉장히 재능있는 사람이다. …… 하지만 그는 가끔씩 수학을 너무 믿어서 계산을 먼저 해놓고 나중에 그것을 해석한다." 그는 또한 수학에 대한 호킹의 믿음을 종교에 비유했다. 또 다른 인터뷰에서 린데는 호킹이 매우 뛰어난 사람이라고 말하면서 이렇게 지적했다. "그는 놀라운 결론을 도출했지만 그것은 틀린 것으로 보인다. 하지만 그가 옳은 것으로 판명된 경우도 있었고 아닌 경우도 있었기 때문에 우리는 그저 이번이 어떤 경우인지 지켜봐야 할 것이다."

4월에 호킹은 린데의 초대를 받아 스탠퍼드를 방문했다. 그곳에서 많은 관중들을 상대로 자신의 이론에 관한 세미나를 했다. 그리고 11월에는 캘리포니아 몬테레이에서 열린 입자물리학과 초기 우주에 대한 코스모 98 워크숍에 참가해서 린데, 그리고 투프츠 대학의 알렉산더 빌렌킨*Alexander Vilenkin*과 논쟁을 벌였다. 호킹은 이 논쟁에서 이렇게 말하면서 인본원리의 사용을 정당화했다. "분명 우리가 살고 있는 우주는 초기에 붕괴하거나 텅 비어 있지 않았다. 그렇기 때문에 우리는 인본원리를 받아들여야 한다. 만약 우주가 인류가 존재하는 데 적합하지 않았다면, 우주는 왜 그렇게 생겼냐고 물을 일도 없을 것이기 때문이다." 호킹과 투록의 논문은 아직까지 인용되고 있는 연구논문 중 하나이다. 그러니 그들의 이론이 아직까지 추방되지는 않은 셈이다.

제인이 자서전을 출간한 두 가지 이유

파란만장했던 20세기가 끝나갈 즈음, 1998년 말에 런던 국립초상화미술관은 20세기 영국을 반영하는 100장의 사진 전시를 기획했다. 호킹은 이 사진전의 사진을 선정할 영향력 있는 인물 10인(음악가 데이비드 보위[David Bowie]를 포함한) 중 유일한 과학자였다. 그는 사회에서 중요한 구성원인 여성과 과학자에 초점을 맞춰 사진을 선택할 것이라고 발표했다. 그가 최종적으로 선택한 사진에는 DNA 이중나선구조를 밝혀낸 크릭[Crick]과 왓슨[Watson], 물리학자 폴 디랙[Paul Dirac], 마가렛 대처[Margaret Thatcher] 수상의 모습이 담겨 있었다.

한편, 호킹이 〈스타트렉〉에 카메오로 출연한 일은 다른 기회로 이어졌다. 만화영화에 목소리 출연을 하게 된 것이다. 그는 1999년 〈심슨〉의 한 에피소드에 출연해서 리사를 악의 멘사 회원들로부터 구출하는 역을 맡았다. 그는 호머에게 "도넛 모양 우주는 흥미롭지."라는 유명한 대사를 던졌다. 호킹은 〈심슨〉에 출연할 기회를 하마터면 놓칠 뻔했었다. 당시 그는 몬테레이에 머물고 있었는데 LA로 가기 이틀 전에 휠체어가 고장 났기 때문이다. 그의 대학원생 조수인 크리스 버고인은 기술자와 함께 휠체어를 수리하는 데 36시간을 매달렸다.

호킹은 〈딜버트〉라는 만화에도 출연한다. 어떤 기계에 의해 우연히 블랙홀이 만들어지고, 극중 캐릭터 도그버트가 시공간을 수리하기 위해 호킹을 납치해오는 내용이다. 2000년에는 〈심슨〉 제작자들이 만든 만화 〈퓨처라마〉에 오리지널 스타트렉 시리즈의 여배우인 니셸 니콜스^{Nichelle Nichols}와 함께 출연한다. 그러던 사이에 호킹의 목소리 사용을 놓고 해프닝이 벌어지기도 했다. 영국의 록밴드 라디오헤드^{Radio head}의 앨범 〈Amnesiac〉의 광고에 호킹의 컴퓨터 목소리와 비슷한 음성이 등장한 것이다. 밴드 측은 그들의 이전 앨범 〈OK Computer〉에 사용된 컴퓨터 목소리를 광고에 삽입했던 것이고 당연히 팬들이 그 광고를 이전 앨범과 연관지을 거라고 생각했다. 하지만 사람들은 그 목소리가 호킹의 목소리라고 생각했던 것이다. 호킹의 영향력이 얼마나 대단한지 다시 한 번 확인시켜준 해프닝이었다.

호킹의 몸 상태는 수년간 비교적 안정을 유지했지만 1999년 초에 그는 후두의 위치를 교정하는 수술을 받아야 했다. 음식물이 잘못된 관으로 들어가면 폐에까지 도달할 위험이 있기 때문이었다. 이 수술로 질식의 위험이 상당히 줄어들었고, 그는 더 편안하게 식사를 즐길 수 있었다. 그리고 같은 해에 그는 두 개의 상을 더 수상했다. 런던수학협회의 나일러상(賞)과 미국물리학협회에서 수여하는 줄리어스 에

드거 릴리엔펠트상(賞)이었다.

호킹에 대한 대중의 관심은 계속해서 커져갔지만 그는 자신의 사생활을 평범하게 유지하려 애썼다. 하지만 1999년 8월에 제인의 자서전《스티븐 호킹, 천재와 보낸 25년》이 출간되면서 평범한 생활은 더 이상 불가능해졌다. 이 책을 통해 호킹 부부의 아주 사적인 일화들이 공개되면서 예상했던 소동이 일어난 것이다.

도서 평론가들은 그 책을 세상에서 가장 유명한 과학자의 전 부인이 모든 것을 밝히는 자극적인 책으로 묘사했다. '호킹이 전 부인의 비밀폭로에 피해자가 되었고 물리학계는 충격에 빠졌다' 고 대서특필한 언론도 있었다. 심지어 물리학 잡지인 〈물리학 세계*Physics World*〉도 '물리학자가 아닌 사람이 쓴 책의 리뷰를 싣지 않지만, 그녀가 20세기에 가장 유명한 물리학자 중 한 명과 결혼했던 사람이기에 예외를 둔다' 는 전제를 달고 서평을 게재했다. 호킹은 자서전을 읽어보지 않았다고 하면서 그 책에 대한 공개적인 언급을 피했다.

제인은 다음 해에 출간된 자서전의 페이퍼백 버전에 후기를 덧붙여 이 같은 소란에 대해 입장을 밝혔다. 그녀는 "대중이 자신들을 완벽한 가족으로 잘못 알고 있었다는 것을 다시 한 번 확인하게 되어서 슬프다."고 말했다. 그녀는 자신이 자서전을 쓴 데는 두 가지 목표가 있다고 말했다. 우선 개인적인 목표는 과거로부터 자신을 해방시키고, 자신이 스티븐을 얼마나 아끼고 사랑했는지 추억하는 것이었다. 그녀는 목표를 달성했다고 말했다. 그리고 좀 더 공적인 목표를 이렇게 말했다.

> 전반적으로 무관심한 사회 분위기 속에서 장애인과 그들을 아끼는 사람들이 매일 직면하는 비참한 현실을 드러내고자 했다. 관료주의와의 전쟁, 인간으로서의 존엄을 유지하려는 외로운 고투, 피로, 좌절, 고뇌에 찬 절망의 외침을 말이다.

이 목표 또한 작게나마 성취되었다. 제인은 장애인 돌보기를 주제로 한 모임에서 연설을 부탁받는 일이 잦아졌다.

제인의 책을 둘러싼 소란은 스티븐의 명성이 어디까지 왔는가를 제대로 보여주었다. 그는 이제 뛰어난 물리학자일 뿐만 아니라 대중의 사랑을 받는 진정한 유명인사가 된 것이다. 한 기자는 '육체와 분리된 순수한 지성'이라는 호킹의 이미지 덕분에 그가 내놓은 모든 발표는 신문의 1면을 장식하게 되었다고 말하기도 했다. 심지어 호킹은 클론 제작을 위해 DNA를 기증해줄 수 없겠냐는 요청을 받기도 했다. 그는 이 요청에 대해 특유의 유머를 섞어 이렇게 대답했다. "저의 복사본을 원할 사람은 없을 거 같군요."

그러니 이 시점에서 호킹을 주인공으로 한 연극이 제작되었다 해도 놀라운 일이 아니다. 〈신과 스티븐 호킹God and the Stephen Hawking〉이라는 제목의 연극에서 한 명의 배우가 스티븐뿐만 아니라 제인 호킹, 뉴턴, 아인슈타인, 여왕, 교황까지 혼자서 연기를 했다. 1999년 초에는 작가인 로빈 하우든^{Robin Howden}이 호킹에게 평가를 바란다며 극본을 보내왔다. 그는 그 극본이 말도 안 되며 심지어 창피한 수준이라고 생각하여 연극이 절대로 상연되지 않기를 바랐다. 작가가 제인의 책에서 따온 일화들까지 연극에 추가하자 그는 정말로 모욕적인 사생활 침해라고 주장했다. 하지만 그는 법적 조치를 취하지는 않았다. 법정 소송이 오히려 세상 사람들의 관심을 '가치 없는 연극' 에 집중시킬 것이라고 생각했기 때문이다. 결국 이 연극은 2000년 8월에 처음 상연되어 다양한 평가를 받았다. 나중에 루시 호킹은 무대 위에 오른 자기 가족이 끔찍하기도 했지만 어떤 측면에서는 매력적이라는 평을 내놓았다. 그녀는 자신이 무대 위로 뛰어 올라가 그들과 함께하고 싶은 광기와 같은 충동을 느꼈다고 말했다.

전동휠체어 위의 강행군

유명세로 사생활 침해를 많이 받기는 했지만 호킹은 대중의 곁에서 떠나지 않았다. 1999년 12월에 그가 CNN의 래리 킹과 한 인터뷰가 크리스마스에 방영되었다. 새해 전날 밤을 어떻게 보낼 계획이냐는 질문을 받았을 때 그는 〈심슨〉 캐릭터 코스튬 파티에 갈 거라고 대답했다. 그는 그 파티에 갈 때 가장 좋은 점은 분장을 하지 않은 그대로 갈 수 있다는 것(〈심슨〉에 출연한 바 있기 때문에)이라며 농담을 했다.

다음 해 5월에 호킹은 유전자 조작식품에 대한 찰스 왕세자의 발언에 공개적으로 반대했다. 왕세자는 자연의 섭리에 간섭하면 오히려 해가 될 수도 있다는 염려를 표명했지만 호킹은 이렇게 반박했다. "저는 왕세자가 연구와 개발을 금지할 수 있다고 생각하지 않습니다. 유전자 조작은 좋은 용도로 사용될 수 있기 때문입니다. 아마도 50년 후에 사람들은 뭣 때문에 유전자 조작식품에 대한 소란이 일어났었는지 의아해할 것입니다." 호킹은 심지어 2000년 8월에 민주당 전당대회에서 대통령 후보인 앨 고어Al Gore를 위해 존경의 뜻을 담은 영상을 보내기도 했다.

호킹의 명성은 케임브리지 대학에도 혜택이 되었다. 그는 자석처럼 대학에 기부금을 끌어들였다. 특히 응용수학·이론물리학과에 기부금이 끊이지 않았다. 2000년에는 호킹이 휠체어로 접근할 수 있는 최첨단 연구실이 포함된 177만 날러짜리 새 건물을 기증받았다. 그리고 인텔Intel의 공동 창립자 고든 무어Gordon Moore와 그의 아내 베티는 물리학·공학 도서관 건립을 위해 1250만 달러를 기부했다. 이 도서관 안에는 《시간의 역사》의 초고를 포함하여 그의 논문들을 모아 놓은 '호킹 문서보관소'도 마련되었다. 호킹이 처음 인텔과 관계를 맺게 된 것은 인텔에서 그의 휠체어에 탑재된 컴퓨터 의사소통 시스템을 위한 소프트웨어를 기증하면서부터였다.

동료 물리학자들은 케임브리지의 전통에 따라 호킹의 60세 생일을 축하하기 위해 학문적 업적을 기념하는 논문집을 출간하고 특별 학회를 개최했다. 호킹은 자신이 벌써 60세라는 것이 싫었다. 하지만 그가 처음 ALS 진단을 받았을 때 의사들이 예상했던 것과는 달리 60세 축하연을 할 수 있을 만큼 오래 산 것은 축복이라 생각했다. 2000년 6월 3일에는 오랜 친구인 킵 손의 60세 생일을 축하하기 위해 캘리포니아 공과대학에서 강연을 했다. 그리고 2001년 3월에도 그는 산타바바라의 캘리포니아 대학에서 비슷한 축하연에 참석하게 된다. 끈이론가이자 2004년 노벨 물리학상 수상자인 데이비드 그로스를 위한 축하연이었다.

호킹은 학회뿐만 아니라 전 세계적인 대중강연 일정으로도 바빴다. 그의 강연은 엄청나게 많은 사람들을 끌어들였다. 아인슈타인 이후로 이론물리학자로서는 유례없는 일이었다. 2000년 9월에 그는 한국의 서울대학교에서 4000명의 군중과 함께했다. 그리고 2000년 10월에는 인도로 떠났다. 그는 뭄바이에서 2001년 1월에 열린 '2001년도 끈이론 학회'에 참석했고, 학회가 끝난 후에는 알베르트 아인슈타인에 관한 강연을 하기 위해 델리로 향했다. 그곳에서는 그 지역의 고위 인사를 포함한 거의 4000명에 달하는 사람들이 그를 기다리고 있었다. 2001년 4월에는 스페인 그라나다로 갔다. 그곳에서의 강연은 과학 공원에 있는 스크린 위에 영사되었다.

호킹은 성공한 장애인의 상징이었다. 그의 삶 자체가 기적이었기 때문이다. 그리고 그는 자신의 인기를 다른 사람들을 위해 베풀기도 했다. 1999년에 호킹은 남아프리카의 대주교 데스몬드 투투^{Desmond Tutu}

를 포함한 11명의 국제적인 고위 인사들과 함께 '장애에 관한 새천년 헌장'에 서명했다. 이 헌장은 전 세계의 정부들이 장애를 유발하는 질병이나 상황들(뇌수막염과 지뢰를 포함한) 중에서 쉽게 피할 수 것들을 예방하는 데 정치적 의지를 보여줄 것을 촉구하고 있다. 2001년 2월에는 케임브리지에서 대중강연을 했는데, 이를 통해 H햄 크로프트 초등학교를 위한 기금을 수천 달러나 모을 수 있었다.

호킹은 프라이드 모빌리티사(社)가 그에게 기증한 새로운 휠체어를 자랑스럽게 광고하고 다니면서 장애인을 위한 과학 기술에 대한 대중의 인식을 끌어올렸다. 그는 자신의 새 휠체어를 페라리에 비유하면서 이렇게 말했다. "이 휠체어 덕분에 내 간호사들은 나에게 뒤처지지 않으려고 항상 분주하다." 그는 휠체어에 번호판도 달았는데 그 번호판은 그가 가장 좋아하는 음료가 무엇인지 말해주고 있었다. 바로 T4SWH(tea for Stephen W. Hawking : 스티븐 W. 호킹을 위한 차)였다. 호킹에 대한 대중의 관심은 좀처럼 수그러들지 않았다. 2001년 여름에 BBC에서 〈스티븐 호킹의 진면목The Real Stephen Hawking〉이라는 제목의 한 시간짜리 다큐멘터리를 방영하면서 대중들의 욕구가 다소나마 충족되는 듯 했다.

티모시 호킹은 이제 엑서터 대학의 학생이 되었다. 그는 어머니의 뒤를 이어 프랑스어와 스페인어를 공부했다. 그리고 그는 여전히 아버지와 함께 보내는 시간을 즐거워했다. 그는 스티븐에게 F-1 레이싱과 디페쉬 모드Depeche Mode라는 록밴드를 소개해주며 새로운 세상을 열어주기도 했다. 아들과 함께 디페쉬 모드의 콘서트에 다녀온 스티븐은 나중에 이렇게 말했다. "스피커 앞에 앉는 바람에 하루 종일 귀가 먹먹했지만 그래도 즐거운 시간이었다. 오페라에서는 맛볼 수 없는 뭔가가 있다." 호킹은 오페라를 좋아했지만 핑크 플로이드와 트레이시 채프만Tracy Chapman을 포함한 록 공연도 많이 관람했다. 1990년 12월에 그가 학회 참석차 브라이튼을 방문했을 때는, 그의 학생들이 호킹의 이름을 사용해 매진된 스테튜스 큐오Status Quo 콘서트 공짜 티켓을 구해주었다. 하지만 불행히도 호킹은 그 콘서트가 끔찍하다고 생각해서 시작한지 20분 만에 콘서트장을 떠났다.

루시 또한 아버지와 보내는 시간을 즐거워했다. 항상 자신에게 잘 맞는 예쁜 옷을 선물해주는 아버지의 초인적인 능력도 그녀에게는 즐거움이었다. 그녀는 이렇게 말한다. "아버지가 은하의 크기를 알고 있다는 것보다 내 옷 사이즈를 알고 있다는 것이 나에게는 더 큰 의미가 있다."

모든 것은 끈으로 이루어져 있다

호킹의 유별난 모험심은 그 어느 때보다도 예순이 넘어 최고조에 달했지만, 개방적인 자세만큼은 예전 같지 않았다. 적어도 과학 분야에서는 그랬다. 친구인 이론물리학자 레너드 서스킨드Leonard Susskind는 그를 이렇게 불렀다. "화가 날 정도로 우주에서 가장 고집 센 사람." 호킹의 이러한 특징은 끈이론●에 대한 공개적인 비난에서 가장 확실히 드러났다. 끈이론은 입자물리학의 표준모형에 대한 대안으로 1960~70년대에 등장한 것이다. 쿼크나 전자 같은 기본적인 입자들을 끈이라고 불리는 더 작은 아원자의 독특한 진동으로 나타낼 수 있다는 이론이었다. 끈이론은 수많은 수학적 문제들과 형편없는 예측능력 때문에 점점 쇠퇴하고 있었다.

하지만 1984년에 런던 퀸 메리 칼리지의 미셸 그린$^{Michael Green}$과 캘리포니아 공과대학의 존 슈워츠$^{John Schwarz}$가 끈이론을 초대칭이론과 결합해 초끈이론(superstring theory)을 제안하면서 다시 주목을 받게 되었다. 하지만 초끈이 수학적으로 10차원과 일치한다는 것은 과학자들을 당황스럽게 만들었다. 아무리 보아도 실제 우주는 4차원(3개의 공간과 1개의 시간)이었기 때문이다. 하시만 끈이론가들은 차원이 많은 것은 아무 문제가 아니라고 주장한다. 왜냐하면 추가적인 차원들은 감아올려지거나 관측되기에는 너무 작은 매듭으로 압축되기 때문이다. 이러한 개념은 매우 이상해보일 것이다. 하지만 입자물리학의 통합이론을 만들기 위해 추가적인 차원들을 사용한 것은 끈이론이 처음이 아니었다. 1920년대에 물리학자인 테오도르 칼루자$^{Theodore Kaluza}$와 오스카 클라

● 끈이론(string theory) : 모든 만물의 기본단위는 점입자가 아니라 끈이며, 끈이 진동하는 방식에 따라 다양한 입자가 나타난다는 이론.

인Oskar Klein은 시공에 나타나는 전자기장의 물리학을 설명하기 위해 공간에 추가적인 차원이 숨겨져 있다고 주장했다. 이는 전자기장과 중력을 통합하려는 최초의 시도였던 셈이다.

초끈은 곧 이론물리학계에서 초중력을 구석으로 밀어내고 새로운 유행이 되었다. 어떤 사람들은 초끈이론이 '모든 것의 이론'일 가능성이 가장 높다고 말했다. 하지만 한편으로는 그저 어림짐작에 불과한 것으로 보이기도 했다. 게다가 아이러니하게도 통일이론일 가능성이 높다는 이론 자체에 통일성이 없어 보였다. 왜냐하면 전혀 다른 특징을 가진, 적어도 5개의 끈이론이 존재했기 때문이다. 또한 초끈이론이 내놓은 예측 중에는 실험적으로 증명 가능한 것도 나타나지 않았다. 결국 초끈에 대한 물리학자들의 입장은 극과 극으로 갈렸다.

마음을 열지 않는 소수가 한 편에 있었고, 오만한 다수가 다른 편에 있었다. 호킹 역시 끈이론에 대한 자신의 의견을 거리낌 없이 말했다. 그는 1994년 로저 펜로즈와의 논쟁에서 이렇게 밝혔다. "끈이론의 인기는 너무 과하다. 초중력의 몰락을 언급하는 것은 섣부르고 지나치다." 그리고 이렇게 비난하기도 했다. "한심한 이론이다. 끈이론으로는 블랙홀은 물론이고 태양의 구조조차 설명할 수 없다." 1990년대에 끈이론을 옹호한 물리학자들은 그 이론의 전망이 밝다고 생각했지만, 심각한 문제가 존재한다는 것만은 그들도 부정할 수 없었다. 그러던 중 전혀 예상치도 못했던 곳에서 광명이 찾아왔다.

레너드 서스킨드와 다른 끈이론가들은 블랙홀에서 정보가 영원히 손실된다는 호킹의 예측 때문에 골치가 아팠다. 왜냐하면 그것은 양자역학에 심각한 문제가 있다는 뜻인데, 끈이론은 양자역학의 많은 법칙들에 근거하고 있었기 때문이다. 이들은 특정 블랙홀을 매우 활발한 끈으로 설명할 수 있다는 것을 발견했다. 그리고 그 끈의 길이는 블랙홀 지평선의 표면적과 관련이 있었다. 하지만 호킹과 베켄스타인은 '블랙홀 표면적은 엔트로피와 비례관계에 있다' 는 것을 증명한 바 있었다.

1996년에 하버드 대학의 앤드류 스트로밍어Andrew Strominger와 쿰룬 바파Cumrun Vafa는 끈으로 이루어진 블랙홀의 정확한 엔트로피 공식을 도출해냈다. 이러한 연구결과는 끈이론가들에게 끈이론을 통해 정보손실 역설을 해결할 수 있을지도 모른다는 희망을 주었다. 호킹은 과연 이러한 연구결과에 설득 당했을까? 스트로밍어와 바파가 그들의 연구결과를 발표한 직후에 1996년 끈 학회의 주최자 중 한 명인 조 폴친스키Joe Polchinski는 호킹에게서 이메일 한 통을 받았다. 그 이메일은 호킹의 다음번 학회 발표 제목이 '내가 틀렸다. 끈이론이 옳고 블랙홀에서 정보는 소실되지 않는다' 라는 사실을 알려주었다. 하지만 며칠 후 이것은 누군가의 장난으로 밝혀졌다. 그리고 진짜 호킹은 학회측에 진짜 발표 제목이 담긴 이메일을 보냈다. 제목은 '나는 왜 마음을 바꾸지 않았는가?' 였다.

끈이론에 대한 호킹의 불신과 상관없이 끈이론가들은 프린스턴의 에드워드 위튼Edward Witten이 내놓은 이론에 열광하고 있었다. 그는 현재 존재하는 5가지 서로 다른 끈이론이 사실은 11차원에 존재하는 훨씬 더 근원적인 이론의 일부라고 주장했다. 그는 또한 초중력 역시 그의 새 이론인 이른바 M-이론* 아래 포함되어 있다고 했다. 그는 자신의 이론을 M-이론이라고 이름붙인 이유에 대해 정확한 이유는 없지만 단지 '신비롭고(magic), 알 수 없으며(mystery), 막(membrane)을 가지고 있기 때문' 이라고 설명했다. 사람들은 이것이 '모든 이론의 어머니' 라고 생각했다. M-이론의 핵심은 물리학자들이 '이중성(duality)' 이라고 부르는 것에 있다. 이는 같은 물리적 결과를 나타내는 서로 다른 이론들 간의 관계를 말한다. M-이론은 또한 차원이 존재하지 않는 점과 1차원의 끈 외에도 2차원의 막이 존재한다고 제안한다. 예를 들어 5차원 브레인**, 6차원 브레인이 존재할 수 있다는 것이다. 이것을 P-브레인(P-brane : 여기서 brane은 membrane의 줄임말이다)이라고 한다. 이때 P는 차원의 수를 나타낸다.

브레인 및 M-이론 이중성과 관련된 많은 계산들은 반 드 지터 모형에서 가장 다루기가 쉽다. 그 이유는 초중력으로 알려진 양자중력 이론의 핵심인 초대칭이 반 드 지터 시공에서는 깨지지 않기 때문이

---

* M-이론(M-theory) : 물리학자 에드워드 위튼은 5가지 끈 이론이 사실은 하나의 이론이며 5가지로 달라 보이는 것은 5가지 방향의 시각일 뿐이라는 생각을 제안했다. 이 가상의 통합 이론을 M-이론이라 부른다. 끈이론과 초중력을 포함하는 이론으로 11차원에서 고차원의 형태로 존재한다. 아직 기반이 되는 방정식은 발견되지 않았다.
** 브레인/막(brane) : M-이론의 기본요소로 공간에서의 차원의 수로 구분된다(예를 들어 1차원은 끈이고, 2차원은 면이다).

다. 하지만 반 드 지터 시공은 우리 우주에는 현실적이지 않다. 호킹과 돈 페이지는 1983년에 반 드 지터 시공의 열역학적 특성에 관한 연구를 통해 반 드 지터 시공의 심각한 불안정성을 발견하기도 했다. 만약 P-브레인을 좀 더 현실적인 드 지터 시공에서 연구할 수 있다면 한 단계 더 발전시킬 수 있을 것이다. 하지만 초대칭을 깨는 드 지터 시공을 위한 일관된 양자중력 이론은 아직 존재하지 않는다.

호킹의 고집, 그리고 호킹에 대한 비난

이 불가사의하고 중요한 M-이론에 많은 과학자들이 열광했다. 호킹조차도 이 새로운 개념에 뭔가가 있을 거라고 느꼈다. 하지만 호킹이 M-이론을 우리가 옳은 길로 가고 있냐는 승거로 받아들이지 않은 것은, 신이 다윈을 속이기 위해 돌을 화석으로 만들었다고 믿는 것과 약간 비슷하다고 생각했다. 많은 가능성에도 불구하고 분명 M-이론은 불완전한 이론이었다. 호킹은 M-이론을 직소퍼즐에 비유하기도 했다. "테두리가 되는 조각들을 끼워 맞추기는 쉽지만 그 안을 채우려고 하면 난감하다." 여기서 퍼즐의 테두리가 되는 것이 바로 다양한 끈이론과 초중력이다. 여전히 심각한 문제가 있기는 했지만, 과학자들은 블랙홀을 포함한 어떤 특정한 우주모형에도 브레인을 성공적으로 적용할 수 있었다. 예를 들어, 이 모형에서 블랙홀은 차원들이 서로 엇갈리는 것으로 묘사될 수 있었다. 이 같은 브레인 블랙홀에 떨어지는 입자들은 브레인들 중 하나를 타격하는 닫힌 고리 형태의 끈인 것으로 보인다. 그 결과는 브레인이 활발하게 진동하는 것이다. 반대로 활성화된 하나의 브레인은 다른 닫힌 고리 형태의 끈이 블랙홀에서 방사되는 입자와 대응을 이루면서 진동을 중단할 수도 있다. 가장 흥미로운 것은 브레인의 진동에 블랙홀의 형성에 대한 정보가 담겨 있을 거라는 제안이다. 무시무시한 정보손실 역설을 피해가면서 말이다. 끈과 브레인을 연구하는 물리학자들은 이것을 정보손실 역설에 대한 해법으로 여겼지만 호킹은 이에 공개적으로 반대했다.

브레인 세계의 모형(부피bulk라는 좀 더 상위 차원의 시공에 존재하는 4차원 브레인)은 공상과학에 더 많이 등장한다. 추가적인 차원의 수와 크기는 그것이 끈이론에서처럼 작은 매듭에서부터 무한히 큰 것까지 매우 다양하다. 가장 중요한 브레인 모형 중의 하나는 1999년 MIT 공대의 리사 랜달[Lisa Randall]과 보스턴 대학의 라만 순드룸[Raman Sundrum]에 의해 만들어졌다. 그리고 자연계의 네 가지 근본적인 힘을 통합하는 과정에서 발생하는 문제 중 하나를 해결하기 위해 이들의 모형을 사용했다.

그 문제란 다름 아닌 '왜 중력은 다른 힘들보다 그렇게 약할까?'라는 문제였다. 대부분의 사람들은 중력이 강력하다는 잘못된 인상을 가지고 있다. 특히 아침에 침대 밖으로 나올 때나 계단으로 올라갈 때 그렇게 생각한다. 하지만 이런 일들을 우리가 매일 일상적으로 하는 것을 생각하면 중력이 얼마나 약한지 확실히 알 수 있다. 자석을 사용해 냉장고에 메모지를 붙일 수 있는 것만 봐도 중력이 얼마나 약한지 알 수 있다. 실제로 원자들을 붙잡아 두는 전자기력은 중력보다 10^{35} 배나 강하다. 이처럼 중력이 다른 힘들에 비해 상대적으로 약한 문제를 '계층문제(hierarchy)' 라고 부른다.

과거에는 중력을 설명하기 위해 상위의 차원을 조심스럽게 도입해왔다. 만약 공간이 3차원 이상으로 이루어져 있다면 중력은 실험실에서 우리가 측정한 것과는 전혀 다른 양상을 보여줄 것이기 때문이다. 만유인력이 거리의 제곱에 반비례하지 않고, 거리의 세제곱에 반비례하게 될 수도 있다는 뜻이다. 랜달과 순드룸은 무한한 5차원 속에 존재하는 4차원 브레인 모형을 이용하여, 중력 현상의 수정 없이 계층문제를 해결할 수 있는 방법을 발견했다. 물질과 에너지, 그리고 다른 세 가지 힘들은 브레인에 붙어 있지만, 중력의 경우에는 브레인으로부터 미세하게 새어나간다. 이때 중력은 단지 다른 힘들보다 약한 이유를 간신히 설명할 수 있을 정도로 미세하게 유출될 뿐이기 때문에 현재의 실험으로 유출된 중력의 변화량을 알아낼 수는 없다.

1998년과 2002년 사이에 호킹은 제자들과 함께 브레인 기반의 인플레이션 모델과 새로운 브레인 블랙홀을 도출해내기 위해서 무경계 제안과 브레인이론(특히 랜달-순드룸 이론)을 혼합한 영향력 있는 논문들을 많이 집필했다. 호킹은 랜달과 순드룸이 발견한 새로운 M-이론을 인정하기는 했지만, 그 이론을 끈에 궁극적인 해답이 있다는 증거로 받아들여서는 안 된다고 경고했다. 그가 보기에 이중성은 끈이론과 P-브레인, 초중력과 모두 비슷한 입장에 서 있었다. "이 이론들 중 어떤 것도 전체를 설명할 수는 없다. 하지만 각각 다른 타당성을 지니고 있다. 문제는 영역이 서로 겹친다는 것이다." 그는 또한 이렇게 말하기도 했다. "M-이론에 대한 이해가 완전히 이루어지고 나면 그것에서 진짜 근원적인 이론을 도출해내는 것이 가능할지도 모른다. 하지만 이론물리학이 퀼트와 비슷하다는 가능성 역시도 배제할 수 없다. 조각 천을 이어 만드는 퀼트처럼 서로 다른 이론들이 각각 다른 영역에서는 유효하지만, 중복된 영역에서는 일치하지 않는 것이다."

호킹의 연구가 더 높은 차원과 브레인의 세계로 옮겨가는 동안 그의 공개적인 발언은 뜨거운 논쟁의 한 가운데 서게 되었다. 2001년 가을에 그는 여러 인터뷰에서 과학과 사회에 관한 자신의 의견을 밝혔다. 그는 독일 잡지 〈포커스*Focus*〉와의 인터뷰에서 "인간이 컴퓨터를 따라 잡기 위해서는 DNA 개조가 필요하다."고 말했다. 그렇지 않으면 실제로 지능을 가진 기계들이 진화해서 세상을 지배할지도 모른다고 말이다. 또한 생화학전쟁이나 핵전쟁의 위험 역시 심각하다고 지적했다. 〈데일리 텔레그래프*The Daily Telegraph*〉와의 인터뷰에서 그는 "인류는 생존을 보장하기 위해 우주공간에 식민지를 만들어야 한다."고 주장했다. 그리고 이렇게 말했다. "비록 9/11 사태가 끔찍하기는 하지만 인류의 생존을 위협할 정도는 아닙니다. …… 진짜 위험은 의도적이든 아니든 인류를 몰살할 바이러스가 만들어지는 것입니다."

이것은 분명 그의 전문분야 밖의 문제들이었지만 호킹의 의견은 뉴스가치가 있다고 여겨졌다. 왜냐하면 그를 과학 혹은 과학자들의 대변인으로 생각하는 사람이 많기 때문이다. 대중은 그의 업적에 매료되어 그가 어떠한 주제에 대해 말하든 들을 만한 가치가 있다고 믿었다. 이 때문에 과거에도 정치계에서는 유명한 과학자들에게 정치적 의도로 손길을 뻗었다. 뉴턴은 공직에 몸담을 것을 강요당하기도 했고, 아인슈타인은 이스라엘의 원수로 추대되기도 했다.

하지만 모든 사람이 호킹의 의견이 중요하다고 믿었던 것은 아니다. 〈물리학 세계〉라는 잡지는 물리학자들을 대상으로 역사상 최고의 물리학자를 뽑는 설문조사를 했다. 호킹은 단 한 표를 얻은 반면 아인슈타인은 119표를 얻었다. 온라인 매체인 〈물리학 웹Physics Web〉은 더 큰 규모로 같은 설문조사를 실시했다. 이번에는 아이작 뉴턴이 근소한 차이로 아인슈타인을 누르고 1위를 차지했다. 호킹은 16위를 차지하며 여전히 상위권에 오르지 못했다.

또한 리버풀 존스 무어 대학의 사회인류학과 교수인 베니 페이저Benny Peiser 박사는 지구상의 생물이 파멸할 것이라는 호킹의 발언을 공개적으로 비난했다. 그는 소행성 충돌이 인류의 진화에 미치는 영향을 다룬 책의 저자였다. 그는 온실효과가 지구를 끓어오르는 수성으로 만들 거라는 호킹의 주장을 언급하며 "호킹의 발언 주제가 점점 확대되고 있는데 그것은 상식을 벗어난 것이다."라고 지적했다. 유전자 조작 반대 단체인 '유전자 감시(Genewatch)'의 수 메이어Sue Mayer는 호킹의 발언에 대해 이렇게 비난했다. "유전공학에 대한 논쟁을 잘못된 방향으로 이끌고 있다. 유전공학을 통해 인간이 컴퓨터보다 진화할 수 있다고 믿는 것은 순진한 생각이다." 노팅엄 대학의 천문학교수인 피터 콜스^Peter Coles 역시 호킹에 대해 이렇게 불평했다.

물리학을 전공하는 사람들과 잡담을 할 때면 자주 등장하는 주제가 한 가지 있다. 바로 '왜 호킹을 깎아 내리는 말을 하는 사람은 찾아보기 힘든가' 하는 것이다. 물론 논문을 평가할 때 동료에 대한 선입견은 바람직하지 않다. 문제는 대부분의 물리학자들이 자신이 그를 질투하는 것으로 보일까봐 꺼려한다는 것이다.

어떤 사람들은 그의 명성이 워낙 대단하기 때문에 그저 반발하는 사람들도 있을 뿐이라고 말한다. 이유야 어찌 되었든 호킹에게 집중된 언론의 관심은 그 다음에 벌어질 일들에도 큰 영향을 미쳤다. 고차원 이론에 대한 새로운 발견과 《호두 껍질 속의 우주》를 일반 대중에게 소개할 순간이 다가오고 있었기 때문이다.

미국항공우주국(NASA) 50주년 기념 강연회에서 딸 루시와 함께 강단에 선 스티븐 호킹, 2008.
ⓒ *NASA/Paul Alers.*

내가 불구라는 사실에 화를 내는 것은 시간낭비입니다.
사람은 싫든 좋든 자신에게 주어진 삶을 살아가야 합니다.
만약 당신이 언제나 화를 내고 불만을 토로한다면
다른 사람들은 당신을 위해 시간을 내주지 않을 것입니다.

— 스티븐 호킹

호킹을 둘러싼
책과 무모한 내기들

《시간의 역사》가 대성공을 거둔 이후 후편을 집필하라는 요청이 쇄도했다. 하지만 그는 《시간의 역사》와 별반 차이 없는 책을 쓰고 싶지는 않았다. 대신 자신의 연구에 더 많은 시간을 쏟아 붓고 싶었다. 하지만 21세기의 시작과 함께, 그는 더 이해하기 쉬운 다른 주제로 책을 써야겠다고 생각하기 시작했다. 그렇게 호킹은 《호두 껍질 속의 우주》를 집필하기 시작했다. 이 책은 《시간의 역사》 이후에 진행된 자신의 연구를 일반 대중을 위해 요약한 책으로 브레인에 대한 연구내용도 포함되어 있었다. 그는 사람들이 《시간의 역사》를 끝까지 읽을 수 없었다는 점에서 교훈을 얻어 새 책은 다른 방식으로 구성하기로 했다. 일단 상대적으로 분량이 적은 핵심 내용들을 이해하고 나면, 나머지 부분은 순서대로 읽지 않아도 상관없는 독립된 주제 여러 개로 나뉜 책을 만드는 것이었다. 호킹은 이 책에 이론물리학뿐만 아니라 자신이 이런저런 비난을 받았던 주제들에 대한 의견도 포함시켰다. 여기에는 인류의 미래와 인공지능에 대한 생각도 포함되어 있었다. 이 책은 2001년 10월에 독일 뮌헨에서 열린 대중강연과 함께 출간되었다. 그리고 그 다음 달에는 영국에서 출간되었다.

책의 제목은 셰익스피어의 《햄릿》 중 '나는 나를 호두 껍질 속에 가두고 내가 무한한 공간의 왕인 양 생각할 수 있지' 라는 문장에서 가져온 것이었다. 호킹은 《시간의 역사》 독자들을 혼란스럽게 했던 무경계 제안을 더 쉽게 설명하기 위해 호두 껍질 비유를 선택했다. 허수 시간에서 우주의 형태는 대략 구형으로 묘사될 수 있다. 하지만 그것은 완벽한 원형일 수는 없다. 그렇게 되면 우주는 아주 잠깐이 아니라 영원히 인플레이션하게 될 것이기 때문이다. 게다가 우주배경복사 온도에 다소 편차가 있으므로 호두 껍질의 표면은 작은 주름들을 갖게 될 것이다. 이 작은 주름들은 초기 우주에서 은하계와 같은 거대구조를 형성하기 위한 하나의 '씨앗' 이 된다. 따라서 우주의 역사를 유클리드적으로 그리면 호두 껍질처럼 보일 것이다. 물리학자 조셉 실크[Joseph Silk]는 《호두 껍질 속의 우주》에 대해 이렇게 말했다. "나는 여전히 허수 시간을 완전히 이해하지 못했지만, 호두껍질 비유를 통해 훨씬 더 생생한 이미지를 갖게 되었다."

호킹은 호두 껍질 비유를 브레인의 세계로 확장하여 설명했다. 호두 껍질 안은 5차원의 부피로 채워질 것이고, 다른 차원들은(존재한다면) 극도로 작은 매듭 안으로 축소될 것이다. 그리고 양자요동으로 인해 브레인 세계가 '끓는 물의 거품' 처럼 임의적으로 나타날 것이다. 대부분의 작은 거품들은 쉽게 소멸하지만, 이들 중 어떤 것은 우주(우리 우주 같은)가 될 정도로 충분히 팽창할지도 모른다. 우리가 그러한 브레인 위에서 살고 있다면, 우리는 우주가 이 거품의 표면 위에서 팽창하고 있다고 생각하게 될 것이다. 호킹은 이것을 놓고 이렇게 농담하기도 했다. "거품의 공기를 뺄 일종의 우주 바늘을 가지고 있는 사람이 아무도 없기를 기원합시다."

그는 또한 이 책에서 다음과 같은 의문을 제기하며 브레인이론에 대한 개인적 철학을 제시했다. "추가적인 차원들이 존재하는가라는 의문에는 아무런 의미도 없다. 중요한 것은 추가적인 차원의 수학적 모형들이 우리 우주를 잘 설명하고 있는가 하는 점이다."

이 책은 대체적으로 호평을 받았다. 전작처럼 큰 성공을 거두지는 못했지만 역시 베스트셀러에 올랐다. 2002년 6월에는 대중적인 과학 저술에 기여한 공로를 인정받아 아벤티스 과학도서상을 받았다. 심사위원장이었던 정신과 의사 라즈 퍼시우드Raj Persaud는 읽기 쉬운 문장과 분명한 삽화로 어려운 주제에 생기를 부여한 호킹의 노력을 치하했다. 그리고 독자들이 책 전체를 이해하지는 못하더라도 이 시대의 뛰어난 지성이 들려주는 이야기를 통해 많은 것을 얻을 것이라고 덧붙였다. 호킹은 자신이 이 상을 탈거라고 생각지도 못했다고 하면서 이렇게 말했다. "지난번에는 책이 수백만 부가 팔렸음에도 불구하고 아무 상도 타지 못했으니까요. 이번에는 운이 더 좋았습니다. …… 과학 책은 우리가 삶을 살아가는 방식에 실제로 영향을 미칠 수 있습니다. 제가 세계 어디를 가든 사람들은 더 많은 것을 듣고 싶어 하지요. 이것은 과학의 수준을 높이는 원동력이 되었다고 생각합니다."

아무도 기대하지 않았던 60번째 생일

《호두 껍질 속의 우주》가 출간되고 몇 달 후에, 호킹은 간절히 바랐지만 불가능해보였던 60세 생일을 맞았다. 운동신경질병협회의 브라이언 디키Brian Dickie는 이렇게 말했다. "호킹 박사처럼 오래 살 수 있다는 것이 놀라울 뿐이다. 그는 ALS에 걸린 영국인 중에서 가장 오래 산 사람이 되었다. 호킹 박사는 ALS를 앓고 있는 모든 사람들에게 큰 희망이 될 것이다." 하지만 호킹은 거의 40년 동안 그저 ALS로부터 살아남기만 한 것은 아니었다. 그는 많은 일을 해냈다. 호킹은 장애가 없는 동료들과 마찬가지로, 아니 어쩌면 그들보다 더 생산적인 삶을 살았다.

그의 친구들과 동료들은 2002년 1월 7일부터 케임브리지에서 호킹의 60세 생일을 축하하는 학회를 열었다. 이 중 하루는 호킹이 '호두 껍질 속에서의 60년' 이라는 제목으로 대중강연을 했다. 그리고 나머지 며칠은 전문적인 학회로 진행되었다. 호킹의 친구이자 동료이며 학회의 주최자였던 게리 기본스는 그 행사의 의미에 대해 '우주론과 중력물리학 분야에 대한 스티븐의 막대한 공헌을 돌아보는 자리' 라고 설명했다. 이 행사 후에 출간된 60주년 기념논문집의 제목은 〈이론물리학과 우주론의 미래*The Future of the Theoretical Physics and Cosmology*〉

였다. 이것은 스티븐의 루카시안 석좌교수 취임 강연 제목인 '이론물리학은 종착지에 임박했는가?'를 빗대어 지은 것이다. 이 행사에서 열린 대중강연들은 나중에 BBC에서 '호킹의 강연'이라는 제목으로 방영되었다.

호킹의 60세 생일을 축하하기 위해 과학적인 행사뿐만 아니라 200명이 참석한 상당히 큰 생일 파티도 열렸다. 여기에는 지금까지 호킹 밑에서 연구를 한 대학원생 24명이 거의 모두 참석했다. 이 파티에서 마릴린 먼로Marilyn Monroe로 분장한 배우와 합창단이 호킹에게 '나는 당신에게 사랑받고 싶어요(I Wanted to be loved by you)'라는 노래를 선사했다. 합창단에는 제인과 그의 대학원생들, 그리고 U2의 기타리스트 더 에지The Edge도 포함되어 있었다. 그리고 제인의 남편인 조나단이 합창단의 지휘를 맡았다. 제인은 이 파티에 참석할 수 있어서 정말 기쁘다고 말했다. "저는 지금도 아이들을 제외하면, 제 삶에서 가장 큰 성취는 그가 지금까지 살아 있도록 도운 것이라고 생각합니다."

기쁨이 충만했던 이 파티는 자칫하면 열리지 못할 뻔 했다. 크리스마스 직후에 호킹이 벽과의 예상치 못한 충돌에서 패배했던 것이다. 휠체어를 타고 집 근처의 자갈길을 가던 중 휠체어를 제대로 제어하지 못해 벽에 부딪히고 만 것이다. 이 사고로 그의 엉덩이뼈가 부러졌는데 그의 경우에는 일반 마취가 아닌 경막외마취(국소마취의 일종)로만 수술이 가능했다. 그래서 그는 수술하는 내내 깨어 있어야 했다. 호킹은 친구들에게 마치 드릴 소리를 듣고 있는 것처럼 고통스러웠다고 설명했다.

앞에서도 잠깐 언급했지만, 호킹은 1985년에 기관절개 수술을 받고 입원해 있는 동안 열기구를 타고 하늘을 나는 꿈을 꿨다고 했다. 그런데 그의 60번째 생일 두 달 후에 일레인은 그 꿈을 현실로 만들어주었다. 호킹과 일레인은 특별히 설계된 열기구를 함께 타고 30분간 하늘을 날았다. 이 특별한 경험을 한 직후에 호킹은 좀 더 평범한 비행수단을 이용해 미국으로 갔다. 두 달 동안 캘리포니아와 오리건을 방문하기 위해서였다. 그곳에서 그는 학회에 참석하고 대중강연도 했다. 대중강연은 이제 그에게 일상적인 일이 되었다. 다시 케임브리지로 돌아온 후에 호킹은 마틴 리스의 60세 생일 기념 학회에서 강연을 했고, 8월에는 대중강연과 학술발표를 위해 중국으로 떠났다.

호킹의 책과 강연이 이례적인 성공을 거두자 편법적으로 이득을 취하고자 하는 출판사가 등장했다. 호킹은 1989년에 뉴밀레니엄 프레스New Millennium Press를 상대로 미국연방무역위원회에 고소장을 제출했다. 케임브리지에서의 강연과 《시간의 역사》의 내용을 《청소년을 위한 시간의 역사The Theory of Everything》라는 이름의 새 책으로 출간하는 것을 막기 위해서였다. 그는 이미 출간된 책을 새로운 책인 양 파는 것은 독자들에 대한 사기라고 주장했다. 하지만 이 책의 출간을 막지는 못했다. 2003년에 출간된 《그림으로 보는 모든 것의 역사The illustrated Theory of everything》의 경우에도 마찬가지였다. 이 책들의 출간을 막는 데는 성공하지 못했지만 그는 자신의 공식 홈페이지에 '나는 이 책을 승인하지 않았다'고 밝히고 있다. 그리고 그 책의 창작에 자신이 관여했다고 생각하고 구입하는 독자들이 없기를 바란다고 밝혔다. 이와는 별개로 호킹은 2002년에 《거인들의 어깨 위에 서서》라는 책을 출간했다. 코페르니쿠스와 갈릴레이, 케플러, 뉴턴, 아인슈타인 같은 과학자들의 위대한 업적을 정리한 책으로 이들의 일생에 관한 정보와 함께 호킹의 설명이 덧붙여져 있다.

2002년 4월에 호킹은 과거를 회상하며 한 기자에게 이렇게 말했다. "저는 우리가 20세기 말에는 완전히 통합된 이론을 찾을 거라고 예측했습니다. 하지만 제가 틀렸군요." 그는 웃으며 이렇게 덧붙였다. "그래도 저는 앞으로 20년 안에 우리가 완전히 통합된 이론을 찾을 확률이 50%는 된다고 생각합니다." 몇 달 후에 호킹은 케임브리지에서 개최된 폴 디랙 탄생 100주년 기념 행사에 강연자로 초대되었다. 노벨물리학상 수상자인 디랙이 상대성이론과 양자역학에 많은 기여를 한 것을 생각하면 호킹이 강연자로 선택된 것은 자연스러운 일이었다. 그는 이 강연에서 통일장이론에 대한 좀 더 철학적인 의견을 내놓는다. 통합된 이론의 발견 가능성에 대한 그의 의견은 놀라운 것이었다.

나는 M-이론이 사실인지 늘 궁금했습니다. 어쩌면 우주를 몇 마디 말로 공식화하는 것은 불가능할지도 모릅니다. …… 어떤 사람들은 유한한 수의 원칙들로 공식화될 수 있는 궁극의 이론이 없다는 사실에 매우 실망할 것입니다. 나도 그런 사람들 중 하나였지만, 이제는 마음을 바꿨습니다.

그의 친구 짐 하틀이 이런 말을 한 적이 있다. "'모든 것의 이론'이 우리가 발견할 수 있을 정도로 간단한 것이라면, 그것은 모든 것의 이론이 아니다." 다시 한 번 호킹은 물리학의 근본적인 문제에 대한 자신의 생각을 바꿨다. 그는 실수를 인정하는 것을 두려워하지 않았다.

대중이 원하면 어디든 달려간다

호킹은 얼마 지나지 않아 또 한 번 뉴스에 등장한다. 이번에는 그의 실수 때문이 아니라 다른 물리학자인 피터 힉스$^{Peter Higgs}$의 말실수 때문이었다. 피터 힉스는 조용하고 겸손한 사람으로 '힉스 입자(Higgs particle)' 라는 개념의 창시자였다. 힉스 입자는 입자물리학 표준모형에서 기초 입자에 질량을 부여하는 가공의 입자이다. 2002년 9월 초에 힉스는 에든버러에서 상연된 폴 디랙의 연구를 바탕으로 한 연극을 관람했다. 그리고 연극이 끝난 후 공식적인 만찬 자리에서 그가 사람들과 나눈 사적인 대화가 지역 언론에 실린 것이다.

이 언론은 힉스가 호킹에 대해 다음과 같이 말한 것으로 보도했다. "그를 토론에 참여하도록 만들기는 매우 어렵다. 그는 다른 사람들이 하지 않는 방식으로 의견을 발표해버린다. 유명인사라는 지위 때문에 그는 다른 사람들과는 달리 즉각적인 신뢰를 얻는다." 영국의 다른 언론들은 그 이야기를 최대한 자극적으로 포장해서 보도했다. 이름을 밝히지 않은 물리학자의 말을 인용하기도 했다. "호킹을 비난하는 것은 다이애나 왕세자비를 비난하는 것과 비슷하게 받아들여진다."

기자들은 유럽원자핵공동연구소(CERN)의 대형 전자-양전자 충돌실험(LEP, Large Electron Position) 결과를 놓고 호킹이 또다시 내기를 했다는 사실을 용케 알아냈다. 힉스 입자가 발견될 것인가에 관한 내기였다. 1996년에 호킹은 진공 밖에서 가상의 입자들이 지속적으로 발생하는 것에서 유추하여 작은 가상의 블랙홀 쌍이 생성된다는 논문을 발표했다. 호킹은 이 연구를 통해 힉스 입자의 관측이 불가능하다고 주장했던 것이다. 하지만 오랫동안 고대했던 LEP 실험은 힉스 입자의 확정적인 증거 없이 2000년 11월에 중단되고 말았다. 이때 호킹은 미시건 대학의 동료인 고든 케인으로부터 100달러를 받았다.

호킹은 언론으로부터 그 문제에 관한 입장을 밝혀달라는 요청을 받고 이렇게 밀했다. "나는 힉스의 말에 좀 충격을 받았어요. 그저 우리가 감정적인 공격 없이 과학에 대해 논할 수 있기를 바랄 뿐입니다." 나중에 다른 인터뷰에서 힉스는, 그 일이 있은 후에 즉시 호킹에게 연락을 취해서 그 상황을 설명했다고 밝혔다. 이때 호킹은 자신이 그 일 때문에 감정이 상하지 않았다고 대답했지만, 어떠한 실험으로도 힉스 입자를 직접 검출할 수 없을 거라고 믿는 자신의 뜻을 거듭 밝혔다.

2003년 봄에 호킹은 유명한 코미디언 짐 캐리[Jim Carry]의 연락을 받았다. 〈코난 오브라이언 토크쇼Late Night with Conan O'Brien〉에서 보여줄 코미디 촌극에 출연해달라는 것이었다. 호킹은 이 부탁을 기꺼이 받아들이고 웹 카메라로 녹화에 참여했다. 토크쇼에서 캐리는 우주론에 대해 얘기하기 시작했다. 그리고 미리 정한대로 호킹이 핸드폰으로 캐리에게 전화를 걸었다. 그는 캐리에게 그들의 '콩알만 한 뇌(pea brains)' 로는 그 개념(P-Brane)을 이해할 수 없으니 너무 괴로워하지 말라고 타일렀다. 호킹은 곧 이어서 캐리의 영화 〈덤앤더머〉를 보던 중이었기 때문에 전화를 끊어야 한다고 양해를 구하고는 캐리의 천재성을 칭찬했다. 호킹은 나중에 이 웃긴 남자를 케임브리지로 초대했다.

계속해서 호킹은 건강한 사람들에게도 버거운 여행 일정을 소화해야 했다. 그는 텍사스 A&M 대학의 기초물리학 연구소에서 한 달을 보냈다. 이곳에서 학회에 참석하고 세 번의 대중강연도 마쳤다. 바로 이어서 3월 말에는 데이비스 캘리포니아 대학에서 열린 우주 인플레이션에 관한 학회에 참석했다. 그리고 이곳에서도 대중강연을 했다. 또한 8월에는 스웨덴 왕립과학아카데미에서 매년 뛰어난 과학자에게 수여되는 오스카 클라인 메달을 받았다. 스웨덴에 있는 동안 그는 끈이론과 우주론에 관한 노벨 심포지엄에 참석했다. 그리고 스톡홀름 대학에서 대중강연도 했다. 그 후에 호킹은 다시 미국으로 가서 두 달간 캘리포니아 공과대학과 산타바바라 캘리포니아 대학, 클리블랜드 케이스 웨스턴 리저브 대학을 순회했다. 케이스 웨스턴에서는 마이클슨–모리상(賞)을 받고 강연을 했다. 이 상은 케이스 웨스턴 대학의 가장 명예로운 상 중 하나로 '인류의 복지 향상과 지식의 진보에 과학적으로 큰 기여' 를 한 사람에게 수여되는 상이었다. 호킹의 몸이 이 모든 일정을 견뎌냈을까? 불행히도 그렇지 못했다. 2003년 12월에 호킹은 폐렴으로 에든브룩 병원에 몇 주 동안 입원해 있었다. 2004년 2월에는 폐렴이 재발해 다시 병원 신세를 져야 했다. 결국 3월에 예정된 텍사스 여행을 취소해야 했다.

아버지가 몇 달간 대중의 시야에서 벗어나 있는 동안, 루시는 대중의 시야 안으로 들어가고 있었다. 오랫동안 기자로 일한 루시가 자신의 첫 번째 소설 《Jaded》의 출간과 함께 영국을 순회하는 홍보 활동을 시작했던 것이다. 그녀는 가는 곳마다 책에 대한 질문과 함께 유명한 아버지에 대한 질문을 받았다. 그녀는 자신이 아버지의 그늘에 가려지는 듯한 느낌을 다시 한 번 받았다고 말했다. 언론에서는 루시의 책보다는 그녀가 스티븐 호킹에 대해 어떤 말을 하는지에 더 관심이 많았다. 그것은 그녀에게 곤혹스러운 일이었다. 루시는 언론에 자신의 책이 사생활과는 관련이 없다고 설명했다.

루시는 아들 윌리엄을 낳은 후 알렉스 매켄지와 결혼했는데 얼마 안 가 이혼을 했다. 그리고 이혼한 지 얼마 지나지 않아, 세 살인 윌리엄이 자폐 진단을 받았다. 이 소식을 접한 루시는 심장이 산산이 부서지는 듯한 느낌을 받았다. 루시는 과거에 자신의 어머니가 그랬던 것처럼 사랑하는 아이의 불길한 미래를 지켜봐야 했다. 제인은 루시에게 하루 빨리 윌리엄을 잘 치료할 수 있는 소아과 의사를 찾으라고 조언했다. 이 조언은 결국 윌리엄에게 많은 도움이 되었다. 루시는 어머니로부터 가치 있는 삶의 진정한 교훈들을 배웠다고 말한다. 어머니 덕분에 어떤 일을 하든 인내와 결단력을 가질 수 있게 되었다고 말이다. 스티븐은 자신의 손자를 자랑스럽게 여겼다. 그는 그 사랑스러운 신생아의 사진을 《호두 껍질 속의 우주》에 삽입했다. 윌리엄도 할아버지가 자랑스러웠다. 윌리엄은 할아버지가 바퀴를 가지고 있다며 자랑을 하고 다녔다.

호킹은 극적인 방법으로 대중의 곁으로 돌아왔다. BBC가 2004년 4월에 TV 드라마 〈호킹〉을 선보인 것이다. 감독은 〈스티븐 호킹의 우주Stephen Hawking's Universe〉를 연출한 필립 마틴Philip Martin이 맡았다. 이 드라마는 호킹의 삶 중에서 ALS 진단을 받고 제인 와일드를 만난 후 특이점 정리를 주제로 학위논문을 작업했던 2년간을 다루고 있었다. 이 드라마의 대본은 어느 정도 제인의 자서전을 바탕으로 하고 있었고, 호킹이 대본의 최종본에 자신의 의견을 반영하기도 했다. 호킹 역을 맡은 배우 베네딕트 쿰머바치Benedict Cummerbatch는 ALS 초기 증상을 면밀히 연구하여 섬뜩할 정도로 사실적인 연기를 보여주었다. 제인은 '그 시절을 다시 보고 있는 것만 같다'며 그의 연기에 극찬을 아끼지 않았다. 물론 그녀는 드라마가 그들의 삶을 왜곡한 면도 있지만 그 시기의 감정들을 사실대로 표현했다고 말했다. "이 드라마는 모든 장애에도 불구하고 뭐든지 가능하다고 생각했던 우리의 정신을 포착해냈다." BBC는 이 드라마와 함께 2002년에 방영되었던 30분짜리 다큐멘터리 〈스티븐 호킹은 누구인가?Stephen hawking : Profile〉을 재방영했다. 〈호킹〉은 거의 4백만의 시청자를 TV 앞으로 끌어들이며 인기리에 방영됐다.

호킹의 건강이 안정되자 그 해 초여름에는 호킹이 실리콘 그래픽스(케임브리지 COSMOS 슈퍼컴퓨터의 합작사)와 협력관계를 맺었다는 소식이 전해졌다. 아인슈타인의 특수상대성이론 100주년과 세계 물리학의 날을 축하하기 위한 아이맥스 영화 제작 프로젝트였다. 2005년에 상영하기로 예정되어 있었던 이 영화의 제목은 〈스티븐 호킹의 지평선 너머Stephen Hawking's Beyond the Horizon〉였다. 호킹은 이 대중적인 영화를 만드는 목적에 대해 이렇게 말했다. "아이부터 어른까지 전 세계 모든 사람들에게 우주를 선사하기 위한 것입니다."

블랙홀 정보 패러독스는 해결되었나?

호킹은 여전히 블랙홀로 들어간 정보는 소실된다고 생각하고 있었다. 호킹의 동료들 중 중력물리학자들은 그에게 동의했지만, 입자물리학자들은 초끈이론과 M-이론에 블랙홀 정보 패러독스의 해결 가능성이 있다고 믿었다. 호킹이 가끔 무모한 내기를 한다는 점을 고려해볼 때, 호킹이 1997년 2월에 킵 손, 존 프레스킬과 블랙홀 정보 문제 해결에 관한 내기를 했다는 사실은 전혀 놀라운 일이 아니었다. 프레스킬은 양자중력을 이용하여 증발하는 블랙홀에 의해 방출되는 정보에 관한 메커니즘을 설명할 수 있을 것이라고 내기를 걸었다. 내기에 걸린 상품은 승자가 언제든지 정보를 찾아볼 수 있는 백과사전이었다.

2004년 봄, 학계에는 호킹이 정보 패러독스의 해법을 도출했다는 소문이 돌았다. 그는 마침내 케임브리지에서 자신의 새 이론에 대한 세미나를 열었다. 그리고 과학 언론매체에 이 이론에 관한 소식들이 등장하기 시작했다. 호킹은 더블린에서 1주일간 열리는 일반상대성 이론과 중력에 관한 제17차 국제회의(GR17)에 참석하여 과학위원회 의장인 커트 커틀러$^{Curt Cutler}$에게 관례에서 벗어나는 요청을 했다. 자신의 새 이론을 논문예고(심사 전 논문을 배포하는 것) 없이 발표하고 싶다는 것이었다. 커틀러는 호킹의 요청을 수락했고 언론에 이렇게 밝혔다. "나는 호킹의 명성을 믿는다." 호킹이 지난번에 자신의 실수를 인정했을 때 전 세계의 언론이 그 일에 관심을 가졌다. 이 때문에 호킹의 발표 자리에는 6백 명의 물리학자들뿐만 아니라 수십 명의 기자들도 참석했다. 회의의 주최자인 페트로스 플로리데스$^{Petros Florides}$는 호킹을 소개하며 이렇게 농담했다. "어떠한 정보도 빛보다 빠른 속도로 움직일 수 없다지만, 호킹의 발표 소식이 전 세계에 퍼지는 속도만큼은 예외인 모양입니다."

호킹의 발표내용은 브레인이론에서 나온 반 드 지터/등각장이론 (AdS/CFT)을 바탕으로 하고 있었다. 그뿐만 아니라 파인만 '과거의 합 원리' 대한 유클리드적 접근(가상의 시간을 사용하는)이라는 평소와 같은 수학적 계산도 함께 포함되어 있었다. 그가 내린 결론은 블랙홀이 동시에 한 개 이상의 기하학을 가질 수 있다는 것이었다. 이것은 진정한 사건의 지평선이 형성되지 않았다는 뜻이며, 그러므로 정보가 갇히지 않는다는 뜻이었다. 정보가 어디로 가는지 설명할 필요가 없어졌기 때문에, 블랙홀에서 아기 우주가 생성될 필요도 없어졌다.

이어서 호킹은 공상과학 팬들에게 미안하지만 블랙홀을 통해 다른 우주로 여행할 가능성은 없다고 분명히 말했다. "만약 우리가 블랙홀로 뛰어든다면 우리의 질량-에너지는 엉망이 된 형태로 우리 우주로 돌려보내질 것이다. 이것은 우리가 어떠했는지에 관한 정보를 담고 있지만 알아볼 수 없을 것이다." 그는 발표 후에 킵 손과 존 프레스킬을 단상으로 불러냈다. 그리고 프레스킬에게 야구 백과사전을 주며 정중하게 자신의 패배를 인정했다. 하지만 킵 손은 아직 패배를 인정할 수 없다고 했다. 그는 앞으로 나올 호킹의 논문을 확인할 때까지 기다리고 싶었던 것이다. 프레스킬은 자신의 승리가 기뻤지만 더 이상 호킹과 논쟁할 것이 남아있지 않을까봐 걱정이 되었다. 그는 또한 호킹의 새 이론에 대한 질문을 받았을 때 이렇게 밝혔다. "저는 그 연설을 이해하지 못했습니다."

하지만 호킹의 발표를 이해하지 못한 사람은 프레스킬만이 아니었다. 많은 물리학자들이 호킹의 발표내용을 이해하지 못했다. 어떤 학자들은 실제 시간과 가상의 시간 계산이 항상 같은 물리적 결과를 낳는다는 것이 아직 증명되지 않았다는 점을 지적하면서, 호킹의 유클리드적 설명에 대체로 의문을 제기했다. 또한 호킹은 정보가 블랙홀에 의해 되돌려지는 방식에 대해서도 구체적으로 설명하지 않았다.

한 번에 반환되는 것인지 아니면 조금씩 반환되는 것인지도 알 수 없었다. 제라츠 후프트$^{Gerard't\ Hooft}$는 그의 설명이 만족스럽지 못하다고 직접적으로 말했다. 반면 영국 콜롬비아 대학의 윌리엄 운러$^{William\ Unruh}$는 좀 더 돌려서 불만을 표했다.

문제는 그가 구체적인 내용을 제시하지 않고 있다는 것이다. 그래서 우리는 그의 계산이 믿을 만한 것인지 아닌지를 알 수가 없다. 스티븐 호킹은 바보가 아니다. 그러니 우리는 그가 말하는 것을 진지하게 받아들일 것이다. …… 하지만 그가 발표한 것만으로 볼 때 그 이론은 너무나 불확실해 보인다.

호킹이 다시 한 번 블랙홀의 대가임을 증명했는지 알기 위해서는 이 이론에 대한 동료들의 비평 논문이 출간될 때까지 기다려야 할 것이다.

〈스타트렉 : 다음 세대〉에서 자신의 홀로그램을 연기한 스티븐 호킹, 1993. *Paramount Pictures.*

낙오자는 스스로 생을 마감할 권리가 있습니다.
그러나 그것은 대단한 실수라고 생각합니다.
삶이 아무리 최악의 상황일지라도 언제나 당신이 할 일이 있고,
성공할 수 있는 일이 있으니까요.
삶이 계속되는 한 희망은 언제나 함께합니다.

― 스티븐 호킹

그리고 삶은 계속된다

2005년 밸런타인데이에 호킹은 워싱턴 D.C.의 스미스소니언 협회가 주최한 축하연에 참석했다. 이 행사에서 그의 친구이자 동료인 제임스 하틀은 호킹의 삶에 대한 회고 연설을 했는데 호킹 본인도 몇 마디를 거들었다. 이 행사는 협회가 관심을 가지고 있는 분야에 특별한 기여를 한 호킹에게 제임스 스미스슨 50주년 메달을 수여하기 위한 것이었다. 그리고 10일 후에는 옥스퍼드에서 세 번째 데니스 시아머 기념 강연을 하며 호킹은 자신의 스승을 기렸다. 2006년 11월 3일에는 왕립학회로부터 가장 영광스러운 코플리 메달을 받았다. 이 상은 아우구스트 협회의 최고상으로 뛰어난 연구 성과를 이룬 학자에게 주어진다. 이 상은 그에게 특히 의미가 있었다. 그에게 수여된 메달은 5개월 전 영국의 우주비행사인 피어스 샐러스 ^{Piers Sellers}가 우주로 가져갔었던 것이기 때문이다. 샐러스는 이렇게 설명했다.

스티븐 호킹은 우주 탐험에 참여하는 우리 모두에게 분명 영웅입니다. 과학에 대한 그의 기여는 특별한 것이고, 그는 사람들에게 항상 영감을 주었습니다. 우리 대원들이 우주로 가져갔었던 메달을 그가 받은 것은 오히려 우리들의 영광입니다. 호킹 박사는 우주를 탐구하는 데 삶을 헌신했기 때문에 우리는 기꺼이 그 일을 한 것이며 의미 또한 깊습니다.

하지만 지난 수십 년간 호킹의 영향을 받은 사람은 과학자에 국한되지 않았다. 단적인 예로 2004년에 영국 청소년 500명을 대상으로 인생의 롤 모델을 묻는 설문조사에서 그는 2위를 차지했다. 3위를 차지한 축구스타 데이비드 베컴David Beckham보다 한 단계 앞에 그가 있었던 것이다. 1위 자리는 럭비 선수인 조니 윌킨슨Jonny Wilkinson에게 내주어야 했다. 2004년에 호킹은 영국 코미디 어워즈에 시상자로 나섰다. 그는 〈심슨〉의 제작자에게 상을 수여하면서 좌중을 쥐고 흔들었다. 이 자리에서 사회자인 조나단 로스Jonathan Ross가 호킹의 유명한 베스트셀러 《시간의 역사》를 끝까지 읽을 수 없었다고 고백하면서 그것이 해피엔딩으로 끝나느냐고 물었다. 이에 호킹은 건방진 듯한 말투로 책을 2천만 부 팔았기 때문에 자기한테는 분명 해피엔딩이라고 말했다.

호킹은 2005년 5월 다시 한 번 〈심슨〉에 출연했다. 피자가게를 임대하면서 그가 스프링필드(극중 심슨이 사는 마을)의 주민이 된 것이다. 마을 사람들이 모인 파티에 참석해 자신의 피자가게를 홍보하는 장면이 있다. 하지만 휠체어에서는 '피자' 라는 단어만 빠르게 반복되어 나오고 만다. 이에 호킹은 자신의 컴퓨터를 한 대 후려치며 사람들에게 이렇게 말한다. "미안합니다. 버튼 하나가 고장 났군요."

오랫동안 계속되었던 대중문화의 아이콘으로서 호킹의 위치는 더욱 견고해졌다. 2006년 12월에 영국의 리얼리티 쇼 〈셀러브리티 빅 하우스Celebrity big house〉의 제작자가 호킹에게 참가자로 출연해줄 것을 제안했다. 2007년 2월에는 미국 ABC의 인기 드라마인 〈로스트Lost〉에 호킹과 그의 연구에 대한 내용이 등장했다. 한 방영분에서 조연인 알도가 《시간의 역사》를 읽고 있는 장면이 등장한 것이다. 사소한 것에 집착하는 팬들은 화면에 나타난 페이지가 '블랙홀은 검은색이 아니다' 챕터 중에서도 정확히 몇 페이지인지를 밝혀냈다. 이어서 드라마의 인터넷 홈페이지 게시판에서는, 팬들 사이에 호킹의 책이 등장한 데는 어떤 숨겨진 의미가 있을 거라는 토론이 끊이질 않았다. 다음 방영분에서 드디어 놀라운 비밀이 밝혀졌다. 극중 데스몬드 흄이라는 인물이 과거로 시간여행을 반복하는 장면이 방영된 것이다. 그리고 극중에서 데스몬드는 과거를 바꾸려고 시도하는데, 이때 미즈 호킹이라는 이름의 불가사의한 보석점 주인에게 비난을 당한다.

호킹은 직접 TV에 출연하기도 했다. 2005년 디스커버리 채널의 다큐드라마인 〈외계 행성Alien Planet〉에서 전문 고문으로 등장한 것이다. 2006년 8월 〈할리우드 리포터Hollywood Report〉는 호킹이 공상과학의 명작을 모은 영화 〈공상과학의 대가Masters of Science Fiction〉에 내레이션을 맡았다는 소식을 전한다. 또 BBC에서 인기리에 방영되었던 드라마 〈호킹〉이 2007년 1월 마침내 미국에서도 방영을 시작했다.

일반 독자들에게 과학을 쉽게 전달하려는 호킹의 노력 역시 계속되었다. 2004년 10월에 《거인들의 어깨 위에 서서》의 일러스트 버전이 출간되었고, 후속작인 《신이 만든 정수God Created the Integral》가 1년 후에 출간되었다. 이 책 역시 《거인들의 어깨 위에 서서》와 비슷하게 역사적으로 중요한 연구들을 모아놓은 것이었지만, 물리학이 아닌 수학(주로 수학적 증명들)에 관한 것이었다. 첫 번째 책과 마찬가지로 이 책에서도 호킹은 수학자들의 삶에 대해 설명한다. 자신의 가장 유명한 책이 '읽기 힘들다' 는 명성을 가진 것이 마음에 걸렸던 호킹은 물리학자 레오나르드 믈로디노프[Leonard Mlodinow]와 함께 2005년에 10월에 《짧고 쉽게 쓴 시간의 역사》를 출간했다. 《시간의 역사》보다 아주 약간 더 짧고 칼라 삽화가 삽입된 것이었다. 이 책에는 최근에 밝혀진 과학적 사실들도 추가되었으며, 무엇보다도 직관에 반하는 주제들에 대한 구체적인 언급을 피했다.

예를 들면 무경계 조건 같은 것 말이다. 이 책에 대한 평가는 다양했지만 저술가인 짐 알-카일리[Jim Al-Khalili]는 〈네이처〉에서 이렇게 말했다. "나는 저자들이 원작의 문제점을 수정하려고 노력했다고 생각한다. 바로 과학적인 배경지식이 없는 수백만의 독자들이 뇌가 폭발하기 전에는 첫 번째 장을 넘길 수 없다는 문제점 말이다." 현재 호킹은 믈로디노프와 함께 두 개의 프로젝트에 참여하고 있다. 하나는 아이맥스 영화인 〈지평선 너머에Beyond the Horizon〉이고, 다른 하나는 우주의 기원과 기본적인 물리학 법칙에 관한 책인 《위대한 디자인*The Grand Design*》이다.

앞에서도 잠깐 이야기했지만 글을 쓰는 것은 호킹 집안에서는 일종의 가업과도 같다. 호킹의 딸 루시가 기자이자 소설가이기 때문이다. 호킹은 2006년 6월에 홍콩을 방문했을 때 루시와 함께 아이들을 위한 과학책을 출판할 것이라고 발표했다. 그는 자신들의 책이 해리포터와 약간 비슷하지만, 마법이 등장하지는 않을 거라고 말했다. 이렇게 탄생한 《조지의 우주를 여는 비밀 열쇠》는 조지라는 소년과 이웃에 사는 과학자인 에릭, 그의 딸 애니, 그리고 코스모스라는 슈퍼컴퓨터의 모험을 그린 과학 소설로 2007년 9월에 출간되었다. 이 책의 후속편 두 권이 더 나올 예정이다. 루시의 두 번째 소설 역시 홍콩에서 호킹의 발표 직후에 출간되었다. 영국에서는 《우연한 마라톤*The Accidental Marathon*》이라는 제목으로 출간되었고, 미국에서는 《삶을 위해 달려라*Run for your life*》라는 제목으로 출간되었다.

인류의 미래를 고민하다

스티븐 호킹이 최근에 어떤 삶을 살았는가를 논하는 데 있어서 인류와 환경 문제에 대한 그의 발언이 빠질 수 없다. 2006년 중국 베이징에서 열린 한 세미나에서 호킹은 환경에 관한 질문을 받았다. 그는 지구온

난화에 대한 심각한 우려를 표했다. 그리고 지구가 황산비가 내리고 기온이 250℃에 달하는 수성처럼 변할지도 모른다고 말했다. 2006년 여름에 호킹은 온라인 사이트 야후를 통해 사람들에게 다음과 같은 질문을 던졌다. "정치적, 사회적, 환경적으로 혼란 상태에 있는 세계에서 인류가 앞으로 100년 동안 살아남을 수 있는 방법은 무엇인가?" 호킹의 글에는 2만 5천개나 되는 답글이 달렸다. 호킹은 자신이 이러한 질문을 제기한 이유를 밝히면서 자신은 답을 갖고 있지 않다고 밝혔다. 그리고 이렇게 말했다. "이것이 제가 여러분에게 질문을 던지는 이유입니다. 여러분이 이 문제에 대해 생각해보도록 만들고 싶었습니다. 그리고 지금 우리가 직면해있는 위험을 알리고 싶었습니다."

마지막으로 그는 어쩌면 유전공학이 인간을 더 현명하고 덜 공격적인 존재로 만들어줄지도 모른다고 말했다. 호킹은 2006년 11월 BBC 라디오와의 인터뷰에서 인류의 미래에 대한 자신의 염려를 다시 한 번 드러냈다. "인류가 하나의 행성에만 의존하는 한 장기적으로 생존할 가능성은 낮습니다. …… 태양계에 지구와 같은 곳은 또 없습니다. 그 때문에 우리는 다른 행성으로 가야 하는 것입니다." 호킹의 이 발언은 전 세계에 보도되었다.

호킹은 2007년 1월 왕립학회에서 열린 '세계 종말의 날 시계'를 맞추는 행사에 참석해 환경과 핵무기에 의한 아마겟돈에 대해 경고했다. 그날 시계는 세계의 현재 상태를 감안해 자정에 2분 더 가까이 가도록 맞춰졌다. 자정이 되는 순간 종말의 날이 시작되는 것이다. 시계에서 자정은 세상의 마지막 날로 정해져있다. 이 자리에서 호킹은 이렇게 경고했다.

우리는 과학자로서 핵무기의 위험과 파괴력을 잘 알고 있습니다. 그리고 우리는 인간의 활동과 기술의 진보가 지구의 기후를 바꿔놓는 광경을 목격하고 있습니다. 이것은 지구에서의 삶을 영원히 바꿔놓을 수도 있는 문제입니다. …… 세계 시민으로서 우리는 지식을 공유할 의무가 있고, 우리가 매일 안고 살아가는 불필요한 위험을 대중에게 경고할 책임이 있습니다. 우리는 정부와 사회가 당장 핵무기를 해제하지 않고 기후변화를 막는 행동을 취하지 않는다면 거대한 위험이 닥칠 거라고 생각합니다.

호킹은 2007년 1월에 수백 명의 과학자들과 종교지도자, 배우, 작가, 영국 국회의원들이 서명한 트리덴트 핵무기 시스템(Trident nuclear weapon system) 반대 탄원에서도 큰 역할을 했다. 런던의 신문인 〈인디펜던트The Independent〉에 실린 기사에서 호킹은 이렇게 경고했다. "핵전쟁은 인류의 생존에 가장 큰 위험입니다. 트리덴트 핵무기 시스템을 도입하게 되면 핵무기 해제는 더 어려워지고 위험만 증폭될 것입니다."

이라크 전쟁 또한 유명한 과학자들의 날카로운 비판을 불러일으켰다. 2004년 11월에 런던 트라팔가 광장에서 열린 반전 집회에서 호킹은 미국의 이라크 침공을 '전쟁범죄'라고 비난했다. 그리고 나중에 이렇게 말했다. "미국의 이라크 침공은 두 가지 거짓말을 바탕으로 하고 있습니다. 첫 번째는 우리가 대량학살 무기의 위협을 받고 있다는 것이고, 두 번째는 9/11사태의 책임이 이라크에 있다는 것입니다."

정치인들에 대한 그의 오랜 경멸은 2005년 11월에 시애틀에서 방송된 대중강연에서도 분명히 드러났다. 그는 달로 다시 우주비행사들을 보내려는 조지 W. 부시 대통령의 계획에 대한 질문을 받았을 때, 그 계획을 '멍청하다'고 표현했다. 그리고 이렇게 말했다. "정치인들을 보낸다면 훨씬 더 싸게 먹힐 겁니다. 그들을 지구로 다시 데려올 필요가 없을 테니까요." 그는 또한 2006년 7월에 줄기세포 연구를 금지하자는 유럽연합의 제안을 반대했다. "줄기세포가 배아로부터 추출될 수도 있다는 사실은 반대 이유가 될 수 없다. 왜냐하면 배아는 줄기세포를 추출하지 않아도 죽을 것이기 때문이다. 도덕적으로 볼 때 이것은 자동차 사고로 뇌사판정을 받은 피해자에게서 심장이식을 받는 것과 마찬가지다."

호킹의 과감한 발언은 종교계의 비난을 받기도 했다. 호킹이 1981년에 교황청에서 무경계 제안에 대해 발표했던 것을 기억할 것이다(7장 참고). 호킹은 대중강연에 나설 때 가끔씩 당시의 일을 청중에게 들려주었다. 내용인즉슨 과학자들에게 우주의 기원을 연구해서는 안 된다고 충고했던 교황 바오로 2세가 자신의 발표 주제를 알지 못해서 기뻤다는 것이었다. 자신이 갈릴레이처럼 종교계의 심문을 받게 될 거라는 생각이 달갑지 않았기 때문이다. 결국 2006년 6월 홍콩에서 성황리에 끝난 대중강연이 문제가 되었다. 이 강연에서도 호킹은 당시의 일을 언급했고 그것이 언론에 대대적으로 보도된 것이다. 이일은 가톨릭 연맹 회장인 빌 도노휴Bill Donohue를 상당히 불쾌하게 만들었다. 그는 이렇게 말했다.

과학으로 설명할 수 없는 어떤 문제들이 있다고 말하는 것(교황이 말한 것)과, 과학자들에게 물러서라고 권위주의적으로 선언했다는 것(호킹이 말한 것) 사이에는 엄청난 차이가 있다. …… 어떠한 증거도 없이 시간과 공간에는 끝도 시작도 없다고 주장하는 호킹은 거짓이 절대적인 것인 양 단정하는 일을 삼가야 한다. 그리고 자신이 관여할 영역이 아닐 때 깨끗이 물러나는 법도 배워야 할 것이다. 무엇보다도 그는 교황의 말을 왜곡하는 언행을 그만두어야 한다.

이 사건에 대한 기사는 가톨릭 연맹 잡지인 〈카탈리스트Catalyst〉에 실렸고 잡지의 기자는 이렇게 불만을 표했다. "언론이 호킹을 사랑하기 때문에 이목을 끄는 행동을 해도 비난을 면하는 것이다. 언론은 그를 잘못된 일은 결코 하지 않는 성스러운 과학자처럼 다룬다. 단적인 예로 호킹이 교황의 말을 왜곡한 것을 방송한 방송국은, 우리가 그것은 사실이 아님을 밝힌 후에도 정정 보도를 하지 않았다."

호킹이 언론의 사랑을 받는 존재일 수도 있고 아닐 수도 있지만, 그의 발언이 즉각적인 반응을 불러일으키는 것만은 사실이었다. 2006

년 11월에 진행된 BBC 라디오 인터뷰가 한 예다. 호킹은 이렇게 말했다. "저의 다음 목표는 우주로 나가는 것입니다. 어쩌면 리처드 브랜슨Richard Branson이 저를 도와줄지도 모르겠군요." 며칠 후 영국 버진항공 회장인 리처드 브랜슨의 사무실에서 방송국으로 공식적인 이메일을 보냈다.

버진 갤럭틱에 스티븐을 태울 수 있다면 우리에게 분명 큰 영광일 것입니다. 우리에게는 훌륭한 의료팀이 있고 의료팀장과 스티븐을 곧 만나게 할 계획입니다. 우리는 우주로 나가고자 하는 그의 꿈을 실현시키기 위해 최선을 다할 것입니다.

버진 갤럭틱Virgin Galactic은 브랜슨이 창립한 사설 우주비행 회사로, 2008년 후반이나 2009년에 저궤도 우주여행을 시작할 예정이며 한 좌석 당 가격은 약 20만 달러 선이다. 물론 호킹의 경우 이 비용을 낼 필요가 없다. 호킹은 2009년에 계획된 우주비행을 준비하기 위해서 747 항공기 안에서 공짜 무중력 체험을 했다. 무중력 체험을 제공하는 회사 제로 그래비티Zero Gravity 덕분이었다. 이 회사의 창립자인 피터 다이아몬드Peter Diamond는 미국 우주연구 후원 재단인 엑스 프라이즈 재단의 의장인데, 이 재단은 천만 달러 규모의 상금을 내거는 대회를 운영하고 있다. 엑스 프라이즈는 재단이 제시하는 연구 성과를 처음으로 내놓은 팀에게 어마어마한 상금을 지급함으로써, 아직 해결되지 않은 과학의 여러 난제들을 풀도록 과학자들에게 동기부여를 하는 것이다.

엑스 프라이즈는 과학의 여러 분야에서 운영되고 있는데, 그중에는 아콘 X 유전공학상(賞)도 포함되어 있다. 적절한 장치를 개발하여 10일 안에 인간 게놈 100개의 배열을 맞추는 첫 번째 과학팀에게 상금이 주어지는 것이다. 단, 염기쌍 10만 개당 1개 이상의 오류도 없는 정확도를 가져야 한다. 또한 증명하는 비용은 게놈 1개당 1만 달러를 넘으면 안 된다. 호킹은 이 대회에 자신의 DNA를 제공했을 뿐만 아니라, 대회의 지지자로서 엑스 프라이즈 홈페이지를 통해 동료 과학자들에게 격려의 메시지도 보냈다. "아콘 X 유전공학상을 통해 ALS 같은 질병의 치료법을 찾을 수 있기를 진심으로 바란다. 또한 우주여행 분야의 엑스 프라이즈를 통해 인류가 은하계의 진정한 구성원이 되는 데 한 걸음 더 다가설 수 있기를 바란다."

호킹은 최근 몇 년 동안에도 학회 참석과 대중강연을 게을리하지 않았다. 2005년 1월에는 한 달간 캘리포니아 공과대학과 UC 산타바바라에서 머물렀다. 그는 이때 친구이자 노벨상 수상자인 데이비드 그로스의 소개를 받으며 강연에 나서기도 했다. 3월에는 아스투리아스 왕자상(prince of Asturias awards : 스페인 왕세자 펠리페의 공식 칭호 '아스투리아스'를 따서 1981년부터 만든 상으로 예술, 사회과학, 스포츠, 문학 등 8개 분야에서 '새로운 경지'의 업적을 쌓은 사람에게 수여한다)의 25주년을 축하하기 위해 스페인을 방문했다. 6월에는 베이징에서 열린 끈 학회에 참석하면서 홍콩에서 6일간 강연을 하기도 했다. 그리고 10월에는 독일 베를린에 있는 대학에서 강연을 했고,《짧고 쉽게 쓴 시간의 역사》의 출간에 맞춰 프랑크푸르트 도서박람회에도 참석했다. 2005년 11월에 그는 다시 미국으로 돌아왔고, 산호세와 오클랜드, 캘리포니아, 시애틀에서 우주의 기원에 대한 대중강연을 했다. 하지만 건강 문제 때문에 2005년 말 여행 일정에 차질이 생겼다. 오클랜드에서 시애틀로 이동하기 전 어느 날 아침이었는데, 인공호흡장치를 잠시 벗고 있던 사이에 일이 터진 것이다. 호킹의 심장박동이 멈춰서 그를 소생시켜야 했고 주변 사람들은 공황상태에 빠졌다. 하지만 그는 전에도 그런 경험이 있었다. 이 일이 있은 후 호킹은 건강 문제에 집중하기 위해 다음 일정을 연기했다. 그래서 시애틀 강연은 강연장에 직접 방문하지 못하고 생방송으로 진행하였다.

호킹에게 빚진 인류

2006년 12월에는 이스라엘과 팔레스타인을 방문했다. 그곳에서 그는 학생들과 과학자, 정치인들을 만났고 물론 언론과의 인터뷰도 있었다. 이스라엘의 토크쇼 진행자인 야이르 라피드Yair Lapid와의 인터뷰에서 그는 자기 병의 장점은 '지루한 위원회의 일을 많이 면제받는 것'이라며 재치를 발휘했다. 반면 유명세의 단점으로는 여행할 때 자유롭지 못하다는 것을 꼽았다. 그는 이렇게 말했다. "제 경우에는 깊은 선글라스와 가발을 쓰는 것만으로는 부족합니다. 휠체어 때문에 들통이 나거든요."

지난 40여 년 동안 ALS는 호킹의 동반자였다. 그가 ALS를 앓고 있음에도 그렇게 왕성한 활동을 하고 그토록 오래 산 것은 놀라운 일이었지만, 점점 다른 사람들과의 의사소통은 힘들어지고 있었다. 2000년 이후에 스티븐은 컴퓨터를 조종하는 손이 더 약해졌다는 것을 알아차렸다. 손가락으로 버튼을 누르는 것조차 버거워졌다. 그는 다시 한 번 과학 기술의 도움을 받았다. 2005년부터 호킹은 눈의 깜빡임이나 볼 근육의 움직임을 인식하는 장치로 의사소통을 하기 시작했다.

호킹의 사생활 역시 순탄치 않았다. 제인 와일드와 이혼하고 일레인 메이슨과 재혼한 이후로 15년 동안 그의 사생활에 대한 온갖 추측이 난무했다. 호킹은 정상적이고 사적인 가정생활을 유지하려고 노력했지만 언론에서는 항상 그의 생활을 예의주시했다. 2006년 여름에 필자는 런던의 한 타블로이드지에서 전화를 한 통 받았다. 수화기 너머의 기자는 내가 호킹의 결혼생활 문제에 대해 뭐라도 아는 게 있냐고 물었다. 나는 이 전화를 받고 매우 황당했다. 미국에 살고 있는 전기 작가에게 전화를 걸면 뭔가 새로운 소식을 건질 수 있을 거라고 생각했던 것 자체가 당황스러웠다. 언론이 호킹의 사생활을 파헤치기 위해 물불 가리지 않는다는 것을 알 수 있었다. 결국 2006년 10월에 스티븐과 일레인은 이혼했다. 나는 이 소식을 듣고도 전혀 놀랍지 않았다. 지난 10여 년 동안 그들의 결혼을 놓고 돌았던 소문을 생각하면 말이다.

지금쯤이면 독자 여러분은 내가 왜 호킹의 최근 논문에 대해서 언급하지 않았는지 궁금할 것이다. 호킹이 내놓은 블랙홀 정보손실의 해법이 유효한 것인지 알고 싶을 것이다. 독자들을 최대한 애타게 만들려는 의도도 없지 않지만, 그보다는 연구결과가 처음으로 발표된 2004년 7월 전후의 상황을 먼저 살펴봐야 한다. 12장에서 언급했듯이 호킹은 2003년 후반부터 2004년 초반까지 폐렴과 사투를 벌이고 있었다. 폐렴에 걸리기 18개월 전에 스티븐은 자신의 학생인 크리스토페 갈파드$^{Christophe\ Galfard}$와 AdS/CFT 대응성을 통해 블랙홀 정보 패러독스 문제를 해결하려 했지만 별다른 성과를 거두지 못했었다. 하지만 그 후 폐렴으로 앓아누워 있는 동안 그가 2004년 7월 GR17에서 발표한 해법이 머릿속에 떠올랐던 것이다. 12장 마지막 부분에서 말했듯이 이 학회에 참석한 과학자들은 호킹의 발표에 대해 좋게 평가해봐야 회의적이었고, 대부분 이해조차 하지 못했다. 과학자들은 호킹이 곧 이 해법에 대한 논문 예고를 하고, 동료평가 논문을 제출할거라고 생각했지만 논문 예고는 이루어지지 않았다. 호킹은 나중에 이에 대해 진행이 고통스러울 정도로 느렸다고 말했다. 그 당시에 컴퓨터 조종이 점점 더 힘들어졌기 때문이다.

2005년 10월에 마침내 논문 예고가 이루어졌다. 그리고 동료평가 과정을 거친 후 같은 달에 출간되었다. 이 논문의 요점은 다음과 같다. 호킹은 파인만의 '과거의 합 원리'를 적용해 블랙홀이 있는 우주와 블랙홀이 없는 우주의 가능한 형태의 기여도를 계산했다. 그는 논문에 이렇게 적고 있다. "블랙홀처럼 위상학적으로 명백하지 않은 계량에서 정보는 손실된다. …… 하지만 정확한 상태에 대한 정보는 위상학적으로 명백한 계량에서 보존된다."

쉽게 말하면 블랙홀이 있는 우주의 형태에서 정보는 손실될 것이고, 블랙홀이 없는 형태에서는 정보가 손실되지 않을 거라는 뜻이다. 모든 가능한 우주의 형태들을 예상 기여도에 근거해 합산했을 때, 블랙홀이 없는 형태의 기여도가 훨씬 더 크기 때문에 전체적인 정보는 보존된 것이다. 이 논문은 3쪽 반 분량에 단 세 개의 방정식만을 포함하고 있었기 때문에 일부 동료들이 이해하기에는 여전히 부족했다. 호킹의 논문이 출판된 다음날 UC 산타바바라의 마틴 에인혼^{Matin Einhorn}은 자신의 논문 예고를 통해 호킹의 해법에 대한 불만을 나타냈다. "마치 아기를 목욕물과 함께 버리는 것과 같다. 그러니 그의 해법에는 여전히 논란의 여지가 있다." 정보 역설의 현 상황에 관해 요약한 2006년의 한 논문도 에인혼과 비슷한 결론을 내리고 있다. "마음을 바꾼 과학자들도 있을지 모르지만, 정보 역설이 해결되었다고 주장하는 사람은 거의 없을 것이다. 수수께끼는 오히려 더 미궁에 빠졌다."

동료 과학자들이 자신의 블랙홀 정보 패러독스 해법에 대한 논의를 진행하고 있는 동안, 호킹은 토마스 허토그^{Thomas Hertog}와 브레인 모형에 관한 연구를 다시 시작했다. 그 결과를 담은 논문이 2006년에 발표되었고 이는 과학 언론의 관심을 끌었다. 그들은 매우 급진적인 새로운 접근법을 사용했는데, 무경계 제안과 소위 끈이론의 풍경(landscape of string theory)을 조합한 것이었다. 끈이론의 풍경이란 우주의 가능한 모든 상태를 말한다. 그것은 10^{500}개 이상으로 예측되는데, 이는 끈이론가들이 괴로워하는 문젯거리이기도 하다. 레너드 서스킨드 같은 몇몇 물리학자들은 가능한 우주의 수를 파악하기 위해 이 문제에 인본원리를 적용했다. 이 셀 수 없이 많은 가능성 중에서 우리가 관찰할 수 있는 우주와 일치하지 않는 것들을 제외하기 위해서였다. 호킹과 허토그의 소위 '거꾸로 접근법(top-down approach)' 에 따르면 초기 우주는 모든 가능한 상태가 중첩된 풍경으로 그려진다. 그리고 각 상태는 나름의 이력을 가지고 있다. 따라서 우주에는 서로 다른 이력들이 넘쳐나고, 발생 확률 역시 각기 다르다. 호킹과 허토그가 제안하는 것은 현재 우주의 상태에서 시작해 거꾸로 초기 우주의 상태를 결정할 수 있다는 것이었다. 만약 이 방법론이 옳다면 표준 인플레이션 우주모형이 내놓는 예측과 비교했을 때, 중력파동과 우주배경복사의 스펙트럼에 있어서 둘 다 아주 약간의 차이를 보일 것이다. 미래에 기술이 발전하면 이러한 차이를 측정할 수 있을 것으로 예상된다.

우리는 지금까지 한 특별한 인간의 삶을 들여다보았다. 호킹은 자신의 65번째 생일(2007년 1월 8일)에 진행한 인터뷰에서, 비록 케임브리지의 은퇴 나이는 67세이지만 자신은 연구를 계속할 것이라고 말했다. 왜 안 되겠는가. 누구도 ALS를 앓고 있는 그가 65세까지 살 수 있을 것이라고는 애초에 상상도 하지 못했다. 호킹은 상상력이 고갈되었을 때 인간의 정신은 한계에 부딪힌다는 것을 계속해서 증명해왔다. 또한 호킹이 자신의 철학을 지켜온 덕분에 우리 모두는 우주에 대해서 많은 것을 알 수 있게 되었다. 그는 2006년 11월 라디오 인터뷰에서 이렇게 말했다.

나는 죽음이 두렵지 않지만 그렇다고 서둘러 죽고 싶지는 않습니다. 나는 하고 싶은 일이 너무나 많습니다.

만약 우리가 우주로 뻗어나가지 못한다면
천 년 이후에는 인류가 살아남지 못할 것입니다.
지구에서는 너무나 많은 사고가 생깁니다. 하지만 나는 낙관합니다.
우리는 다른 별들로 갈 수 있으니까요.

— 스티븐 호킹

스티븐 호킹,
그 인물과 신화

　　세계적으로 유명한 물리학자이자 대중문화 아이콘인 스티븐 호킹 박사에 대해 우리는 어떻게 생각해야 할까? 그는 지난 40여 년 동안 진지한 과학적 논쟁을 이끌어냈고, 중요한 발견들의 탄생을 자극하는 역할을 했다. 자신의 발견뿐만 아니라 동료들의 발견까지 말이다. 그는 과학의 전도사로, 일반 사람들이 과학을 좀 더 친근하게 느끼도록 만들어주었다. 그는 또한 육체적인 장애를 가진 사람들의 권리를 지키기 위해 목소리를 높였고 장애인들의 롤모델이 되기도 했다. 하지만 한 사람의 자연인으로서 그는 동료였고 친구였으며, 조언자인 동시에 아버지였으며 할아버지이자 남편이었다.

　　만약 그가 다시는 새로운 논문을 발표하지 않는다고 해도 그의 유산은 수십 년간, 어쩌면 수백 년간 지속될 것이다. 하지만 그가 12개의 명예학위를 가지고 있고 수많은 상을 수상했음에도 불구하고 아직 한 가지 명예만은 그를 계속 피해가고 있었다. 바로 노벨상이다. 끝을 알 수 없는 지혜의 샘을 가진 호킹은 끊임없이 선구적인 이론들을 내놓지만, 노벨상의 명예를 안기 위해서는 이 이론들에 대한 실험 증거가 나타나야 한다. 여기에는 오랜 시간이 걸린다. 호킹 본인도 이 사실을 잘 알고 있다. "수년 전에 해놓은 연구로 상 타기를 기다리는 것보다는 계속해서 새로운 발견을 해나가는 것이 더 좋습니다." 호킹의 가까운 친구이자 오랜 동료인 짐 하틀은 그에 대해 매우 적절히 묘사한다. "그가 우주의 기원과 블랙홀, 시공간에 대한 우리의 이해를 바꾼 아이디어들을 내놓을 수 있는 것은, 대범함과 비전, 통찰력, 그리고 용기 덕분입니다."

호킹은 쉽게 무시할 수 없는 독특한 개성을 가진 사람이기도 하다. 레너드 서스킨드는 그에 대해 화가 날 정도로 고집이 세다고 말했다. 최근에 데이비드 슈람$^{David Schramm}$은 친구인 호킹에 대해 이렇게 묘사했다. "못 말릴 정도로 놀길 좋아합니다. 그는 자신의 휠체어에 앉아서 춤추기를 좋아하는 파티 광이에요." 호킹은 또한 불같은 성격이 있어서 그를 화나게 하는 사람은 발 위로 휠체어가 지나가는 위험을 감수해야 한다. 한 번은 그가 휠체어로 차를 들이박은 적이 있는데, 그 차가 자신의 진입로를 불법적으로 막고 있었기 때문이다. 그는 이러한 일화들에 대해 특유의 유머로 이렇게 말한다. "그건 악의적인 소문일 뿐입니다. 그런 얘기를 하고 다니는 사람이 있다면 휠체어로 깔고 지나가 버리겠어요." 그는 정치에 뛰어드는 일을 놓고 수상까지도 노려보겠다며 이렇게 농담한 적도 있다. "제가 그 일을 토니 블레어^{Tony} ^{Blair}에게 넘길 수 있어서 다행입니다. 과학자로 일하는 게 더 만족스럽고 오래 갈 것 같군요." 그는 공상과학 소설에 대해 질문을 받았을 때 이렇게 말하기도 했다. "저도 공상과학 소설(science fiction)을 쓴답니다. 단지 저는 제가 쓰는 것이 과학적인 사실(science fact)이라고 믿을 뿐이죠."

그의 연구실을 방문한 사람들은 호머 심슨이 그려진 시계나 호킹과 마릴린 먼로를 합성해 놓은 사진 같은 다소 불편한 장식품의 환영을 받기도 한다. 연구와 관련해서 내기를 좋아하는 그는 2004년 8월에 2주 동안 영국의 도박 회사인 '래드브룩스Ladbrokes' 와 현재와 미래의 다섯 가지 물리학 프로젝트에 대한 내기를 걸었다. 여기에는 힉스 입자의 실험적 증명도 포함되어 있었다. 래드브룩스는 이 내기에 대해 다음과 같이 자랑스럽게 광고했다. "우주에 대한 가장 유명한 난제를 놓고 내기를 하는 것은, 이제 스티븐 호킹 같은 학계의 슈퍼스타만의 전유물이 아니다."

컴퓨터가 장착된 전동휠체어의 기계 목소리는 결코 잊을 수 없는 인상을 준다. 케임브리지 거리에서 우연히 마주친 관광객들이 호킹에게 '당신이 그 유명한 스티븐 호킹이냐' 고 물으면 그는 이렇게 대답한다. "진짜 호킹은 훨씬 더 잘 생겼답니다!" 하지만 대중문화의 상징으로서 그의 부정할 수 없는 위치가 항상 긍정적이었던 것만은 아니다. 그의 사생활은 언론에 의해 무자비하게 침해당했다. 특히 제인과의 이혼 후에는 더 견디기 힘들 정도였다. 그래서 일레인과 재혼한 후 호킹은 공개석상에서 사생활에 대해 거의 언급하지 않았다. 그는 사생활이 침해당하는 것에 화가 나기도 했지만 그것이 유명세의 일부라는 것을 알고 있었다. 그는 이렇게 말했다. "그 문제에 대해 불평한다면 위선일 겁니다. 저는 11차원에 대한 연구에 몰입하다보면 대부분 무시할 수 있게 되더군요."

호킹은 사람들이 장애를 극복한 자신의 용기를 칭찬하면 창피하다고 하면서 이렇게 말한다. "저는 그저 ALS 진단을 받기 전부터 하려고 했던 일을 계속 했을 뿐입니다. 진짜 용기 있는 사람들은 저보다 더 심한 장애를 가지고 있음에도 대중의 관심이나 동정을 받지 못하는 사람들이라고 생각합니다. 그럼에도 그들은 불평하지 않으니까요." 호킹은 이렇게 자신의 삶에 대해 겸손하게 말하지만, 그가 장애를 지닌 사람들의 희망과 성공의 상징인 것만은 부정할 수 없다. 그는 세상에 자신이 할 수 없는 것들이 있다는 사실을 기꺼이 받아들인다고 말한다. 그리고 이렇게 덧붙인다. "어차피 그런 일들 중 대부분은 제가 특별히 하고 싶은 일도 아니거든요." 그는 자신의 병 덕분에 공개석상에서 강의를 하거나 지루한 위원회에 앉아 있을 필요가 없어 연구에 집중할 수 있는 것을 감사한다고 말하곤 한다. 호킹이 그토록 대중들의 사랑을 받는 이유가 무엇인지 감동적으로 표현한 글이 있다. 이 글을 쓴 다이엔 스미스는 ALS로 6년간 고생하다 세상을 떠난 어머니를 둔 여성으로 〈스타트렉〉의 팬이기도 하다.

칼리지 2학년밖에 되지 않은 제가 그저 표를 사기만 하면 위엄 있는 지식인들과 한 자리에 있을 수 있었습니다. 그것을 누가 상상이나 했겠어요? 그 자리에는 지구상에서 가장 똑똑한지도 모르는 사람도 함께 있었죠. 그곳에는 박사학위를 가지고 있는 사람들도 많았지만 청중들은 다양했어요. 아이들과 노인, 지식인, 그리고 〈스타트렉〉의 팬들도 있었죠. 저는 제가 그곳에 잘 어울린다는 느낌을 받았어요. 그 자리에는 모든 부류의 사람들과 모든 종류의 신념들이 함께 있었거든요. 〈스타트렉〉 팬 모임에서처럼 말이죠. 모든 사람들이 조용히 감명을 받은 채 그의 말 한 마디 한 마디에 귀를 기울였죠. 우리는 그가 농담을 할 때면 웃었고, 그의 진심이 우리에게 와 닿을 때면 박수를 쳤어요.

호킹은 특이점 정리나 M-이론 같은 난해한 연구들이 왜 인류에게 가치가 있는지 끊임없이 상기시켜준다. 그는 말한다. "이런 이론들은 우리에게 일용할 식량을 주지도 않고 빨래를 너 깨끗하게 해주지도 않습니다. 하지만 인간은 빵만으로는 살 수 없습니다. 우리는 우리가 어디서 왔는지 알 필요가 있습니다. 이러한 연구들은 우리가 어디서부터 시작했는지를 조금이나마 이해할 수 있게 해줍니다." 호킹은 실수를 인정하는 것은 창피한 것이 아니라 진보의 일부라고 믿었다. 그는 이를 통해 끊임없이 자기 수정을 반복하는 과학적 탐구정신을 실천했다. 그는 이렇게 말한다. "앎에 대한 우리의 탐구는 결코 끝나지 않을 것입니다. 우리는 항상 새로운 발견이라는 도전에 맞서 있으니까요. 이러한 도전이 없다면 정체될 뿐입니다." 호킹은 이 같은 사실에 그의 행복이 있다고 말한다. 우리는 어쩌면 이 말을 통해 진실한 본성을 알 수 있을지도 모른다. 이것이 바로 '호두 껍질 속' 에 있는 스티븐 호킹의 모습이다.

일반상대성이론과 우주론

아인슈타인의 일반상대성이론(1915)에 따르면 시간과 공간은 시공간(time-space)이라고 불리는 4차원 구조로 이루어져 있으며, 이 구조는 다양한 형태로 늘어나거나 휘어질 수 있다. 또한 시공간 구조와 기하학적 모양은 아인슈타인의 장방정식에 의해 결정된다. 4차원 시공간 모양은 그 시공간에 존재하는 에너지, 물질의 양, 물질의 분포와 연관되어 있다. 4차원을 머릿속으로 떠올리기 힘들다면 2차원의 고무판을 생각해보면 이해가 쉬울 것이다. 볼링공 같은 무거운 물체를 고무판 차원 가운데에 놓으면, 고무판은 볼링공의 형태 및 크기, 질량에 따라 휘거나 형태가 변형된다. 이때 2차원은 어떤 특정한 시간 속(4차원)에서 3차원의 형태로 변화하는 것이다. 우리 태양계 역시 마찬가지다. 엄청난 질량을 가진 태양으로 인해 시공의 모양이 미세하게 변형되었고, 변형된 시공간 속에서 행성들의 운동은 구속을 받아 현재와 같은 궤도를 갖게 되었다.

아인슈타인은 다음의 두 가지 기본적인 가정과 함께 자신의 방정식을 우주 전체에 적용시켰다.

1) 질량과 에너지는 같은 방식으로 분포된다. 이것은 우주가 어떤 장소와 방향에서 보든 똑같이 보인다는 것을 뜻한다(균질성과 등방성을 가진다).
2) 우주는 무한한 나이를 가지고 있으며 완전히 균형 잡힌 상태에 있다. 따라서 사실상 정적이다.

놀랍게도 아인슈타인은 자신의 방정식을 통해, 우주는 정지되어 있지 않고 팽창하거나 수축하려 한다는 것을 발견한다. 그래서 그는 자신의 예측대로 우주를 평형 상태로 만들기 위해 자신의 방정식에 우주상수(cosmology constant : 밀어내는 힘)라고 불리는 '임시방편적인 상수항'을 추가했다. 아인슈타인은 우주가 마치 지구의 표면처럼 구형으로 닫혀 있다고 생각했다. 크기는 유한하지만 가장자리는 없는데, (대신 더 높은 차원에서) 닫혀 있다는 것이다. 또한 여기에 시간이라는 4차원이 추가되는 시공연속체라고 생각했다. 네덜란드의 천문학자 빌럼 드 지터^{Willem De Sitter}는 아인슈타인 방정식을 사용해 새로운 우주모형을 제안한다. 바로 우주상수를 가지고 있지만 물질은 전혀 없는데도 휘어진 우주이다. 아인슈타인은 드 지터의 우주모형을 받아들이지 않았다. 왜냐하면 그는 물질 없이 시공간이 휘어진다는 것은 불가능하다고 생각했기 때문이다. 하지만 그는 결국 물질 없이 시공간이 휘어지는 것이 가능함을 인정했다. 하지만 아마도 물리학적인 이유 때문은 아니었을 것이다. 드 지터가 제안한 우주에는 우주상수(시공간 자체의 진공 에너지를 나타내는 것으로 추측된다)를 제외하고는 어떤 물질이나 에너지도 존재하지 않았기 때문에, 1980년대 인플레이션 우주모형이 등장하고 나서야 드 지터 우주모형의 실질적인 적용이 가능해졌다.

1922년에 러시아의 수학자인 알렉산더 프리드만$^{Alexander\ Friedman}$은 우주상수를 이용하지 않고 두 가지 새로운 우주모형을 발표했다. 하나는 시간이 지남에 따라 팽창하는 우주모형이고, 다른 하나는 주기적으로 팽창하고 수축하는 우주모형이었다. 이후에 허블의 법칙과 우주의 팽창이 관측되고 나자 아인슈타인은 우주상수를 추가한 것에 대해 일생일대의 실수라며 후회했고, 점차 우주상수는 잊혀져갔다. 얼마 후, 벨기에의 신부 조르주 르메트르$^{Georges\ Lemaitre}$는 빅뱅의 시초가 되는 우주모형을 제안했다. 그가 제안한 우주모형은 지금까지의 모형들처럼 장방정식의 새로운 수학적 해법만을 제시한 것이 아닌 실질적인 모형이었다. 바로 우주는 과거의 일정 기간 동안 분명한 탄생의 과정을 거쳤으며 그 이후로 계속 팽창해왔다는 것이다. 1935년에 H. P. 로버트슨$^{H.P.\ Robertson}$과 A. G. 워커$^{A.G.Walker}$는 프리드만의 우주모형을 일부 수정하여 프리드만-로버트슨-워커 모형(Friedman-Robertson-Walker metric)을 만들어냈다. 이 우주모형은 우주 크기의 진화를, 우주에 있는 물질, 에너지의 밀도, 우주의 곡률과 연관시킨 것이었다. 이들의 우주모형에 따르면 우주를 세 가지 형태로 나눌 수 있다.

1) 평평한 우주(유클리드의 기하학이 적용됨) : 2차원의 평평한 고무 판 형태를 생각하면 된다. 이 우주에서 평행한 두 선은 길이와 상관없이 항상 평행이다. 이 우주 위에 삼각형을 그리면 내각의 합은 180°이다. 따라서 이 우주의 곡률은 0이다.

2) 구형 우주(닫힌 우주) : 이 우주는 아인슈타인이 제안한 우주모형과 비슷하다. 이 경우 우주는 2차원인 구의 표면이다. 따라서 평행한 두 선은 결국에 서로 만나게 된다(지구상의 경도선이 적도에서는 평행하지만 남극이나 북극에 가서는 만나게 되는 것처럼). 이 우주 위에 삼각형을 그리면 삼각형의 세 변은 바깥으로 휘고 내각의 합은 180°보다 더 크다. 이러한 우주는 '양의 곡률을 가진다' 고 말한다.

3) 쌍곡 우주(열린 우주) : 이 우주는 말안장이나 '프링글스(과자)' 처럼 가운데가 솟은 형태이다. 따라서 평행한 두 선은 서로 다른 방향으로 뻗어나간다. 말안장 한 가운데 삼각형을 그리면 삼각형의 세 변은 안쪽으로 휘고 내각의 합은 180°보다 작다. 이러한 우주는 '음의 곡률을 가진다' 고 말한다.

세 가지 우주는 각각 다른 운명을 가지고 있다. 이들의 운명은 중력의 잡아당기는 힘과 빅뱅의 밀어내는 힘 사이의 균형에 따라 달라진

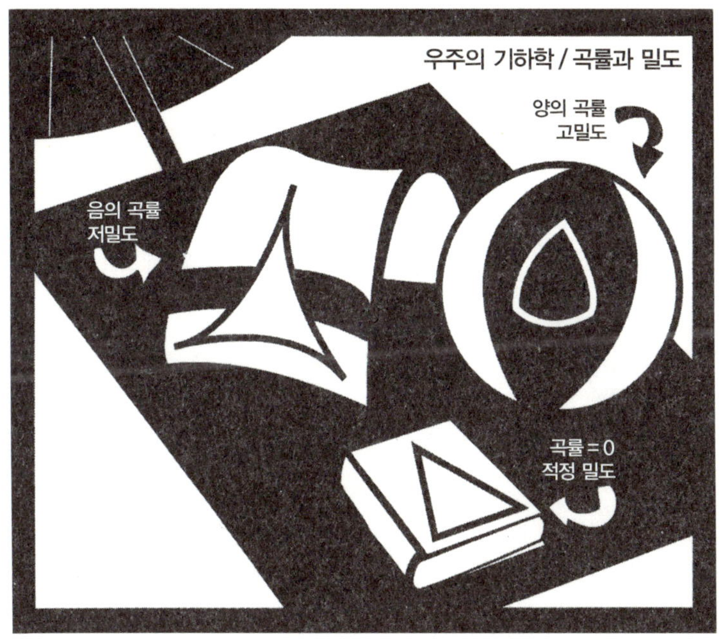

해변에 누워있는 세 우주모형. 우주가 나타낼 수 있는 세 가지 기하학

다. 만약 우주에 있는 물질의 밀도가 어떤 임계수치 이하로 떨어지면 빅뱅의 밀어내는 힘에 맞설 수 없다. 그렇게 되면 우주는 영원히 팽창할 것이다. 시간이 지남에 따라 어느 정도 팽창 속도가 느려지기는 하겠지만 말이다. 반대로 물질의 밀도가 임계 수치를 상회한다면 중력이 팽창에 맞설 수 있다. 이 경우 팽창하던 우주는 중력적으로 수축하게 되고 결국 한 점으로 모여 '빅크런치Big Crunch' 라고 부르는 대붕괴를 겪게 된다. 물론 또 다른 빅뱅으로 다시 팽창할 가능성도 있다. 마

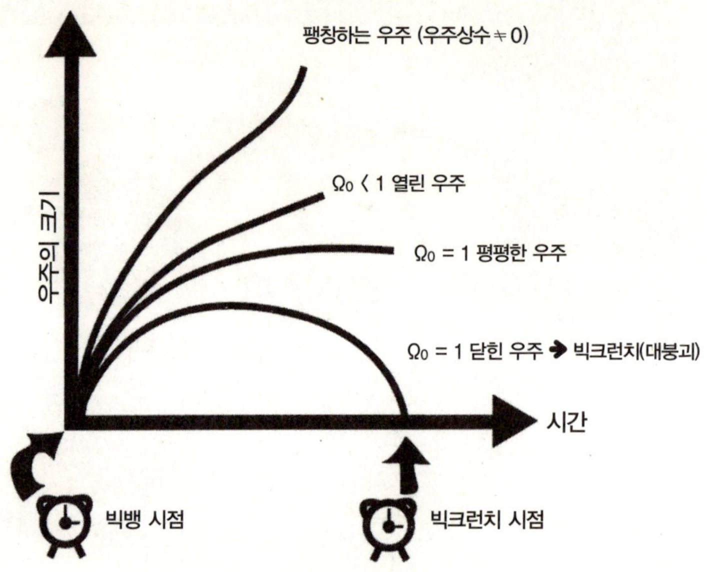

서로 다른 기하학을 가진 우주의 진화

지막으로 물질의 밀도가 적당한 경우에는 팽창 속도가 오랜 시간에 걸쳐 조금씩 느려지지만 결코 멈추지는 않을 것이다. 이 세 우주는 어떻게 보면 곰 세 마리 이야기와 비슷하다. 한 우주는 너무 가볍고(열린 우주), 다른 하나는 너무 무겁고(닫힌 우주), 나머지 하나는 적당하다(평평한 우주).

이때 우주에 있는 물질의 '딱 알맞은' 밀도를 임계 밀도(critical density)라고 부른다. 우주학자들은 보통 물질과 에너지가 가진 평균 밀도와 임계 밀도를 비교하여 비율로 나타낸다. 따라서 평평한 우주의 실제 밀도는 임계 밀도와 같다. 실제 밀도와 임계 밀도의 비율을 나타내는 기호로는 'Ω(오메가 : 그리스 알파벳의 마지막 문자)'를 사용하고, 평평한 우주의 Ω는 정확히 1이 된다. 닫힌 우주에서는 실제 밀도가 임계 밀도보다 크다. 따라서 Ω는 1보다 크다. 그리고 열린 우주에서는 실제 밀도가 임계 밀도보다 작다. 따라서 Ω는 1보다 작다. 결국 우리가 관측을 통해 우주에 있는 물질과 에너지의 밀도를 측정할 수 있다면, 우리는 이론상으로 그 우주가 닫힌 우주인지 열린 우주인지 아니면 평평한 우주인지 알 수 있는 것이다.

현재의 관측에 따르면 우리 우주는 '0.1 〈 Ω 〈 2'의 범위 안에 있는 것이 확실하다고 한다. 하지만 이러한 결과는 우리 우주가 어떤 형태를 갖고 있는지 분별하는 데 도움이 되지는 않는다. 세 우주가 모두 이 범위 안에 포함되기 때문이다. 지난 몇 십 년간 물리학자들은 'Ω=1(대부분의 인플레이션 우주모형이 이 경우에 해당)'일 거라고 예측했다. 한편, Ω의 범위는 관측을 통해 점점 좁혀지고 있다. 가장 근접한 결과를 내놓은 우주배경복사탐사선(WMAP, Wilkinson Mapping Anisotropy Probe)의 관측에 따르면 'Ω = 1.02 +/- 0.02'의 오차범위 안에 있으며 평평한 우주에 가깝다고 한다.

그렇다면 우주의 밀도를 정확하게 측정할 수 없었던 이유는 무엇일까? 우주에 존재하는 물질 중에서 우리가 아는 평범한 물질(양자와 중성자로 이루어진 중입자, 바리온)은 4%밖에 없다. 그리고 이 4%는 약 75%의 수소와 25%의 헬륨으로 구성되어 있다. 나머지 96% 중에서는

23%가 암흑물질로 구성되어 있다. 암흑물질은 직접 관찰되지 않은 불가사의한 물질로, 암흑물질의 중력이 행성과 은하에 미치는 영향을 통해 우리는 그 존재를 간접적으로 알 수 있다. 많은 천문학자들은 이 암흑물질이 차가운 암흑물질(CDM, cold dark matter)이라고 믿고 있다. 찬 암흑물질은 질량을 가지고 있으며 빛의 속도보다 훨씬 느리게 이동하는 입자로 구성되어 있다. 이러한 특성으로 인해 차가운 암흑물질의 입자들은 서로 응집하여, 결과적으로 우주의 천체(은하와 은하단, 초은하단 같은)를 위한 '씨앗'의 역할을 할 수 있는 것으로 여겨진다. 차가운 암흑물질을 구성하는 입자로 가장 가능성 있게 거론되는 것은 바로 초대칭 입자이다. 그중에서도 특히 전기적으로 중성이며 가장 가벼운 뉴트랄리노(neutralino : 초대칭 입자 중 가장 가볍지만 양자보다는 5천 배나 더 무겁다)가 암흑물질인 가능성이 가장 높은 것으로 여겨지고 있다.

우주의 남은 73%는 아직 밝혀지지 않았다. 우리는 이것을 보통 '암흑에너지(암흑물질과 대칭하는)' 라는 이상한 이름으로 부른다. 과학자들은 암흑에너지의 특성에 대해 정확히 알지는 못하지만 몇 가지 그럴듯한 설명을 내놓고 있다. 그중 한 가지는 암흑에너지가 시공간 구조 안에 포함되어 있는 고유의 에너지라는 것이다. 소위 '진공 에너지' 라고 불리는 것으로 그 존재는 5장에서 언급한 카시미르 효과에 의해 입증되었다. 시공이 고유의 에너지 밀도를 가지고 있다는 아이디어는 인플레이션 모델에서도 발견된다. 이론물리학에서 진공은 에너지가 0인 상태를 말한다. 그리고 에너지가 0은 아니지만 진공과 비슷한 상태를 '가짜 진공(false vacuum)' 이라고 부른다. 인플레이션 모델에 따르면 빅뱅 초기에 우주는 가짜 진공 상태에 있게 된다. 이때 가짜 진공의 에너지 밀도는 일시적으로 효과가 있는 우주상수를 만들어내며 우주를 기하급수적으로 인플레이션 시킨다. 아인슈타인이 자신의 가장 큰 실수라고 불렀던 우주상수는 인플레이션 모델에 의해 이렇게 부활한다. 하지만 아인슈타인이 발한 것과는 다른 이유에서였다. 아인슈타인은 우주를 정적인 곳으로 만들기 위해 우주상수를 발했지만, 현재 우주상수를 도입하는 것은 태초에 우주가 어떻게 진화했으며, 앞으로 어떻게 진화할 것인가를 설명하기 위해서다. 만약 우주상수가 큰 양수라면 우주를 수축시키는 중력의 힘을 이겨내고 우주는 점점 더 빨리 팽창할 것이다. 반대로 만약 우주상수가 작은 음수라면 우주는 수축하다가 스스로 붕괴하는 운명에 처할 것이다. 양의 우주상수는 척력(밀어내는 힘)으로 작용하고, 음의 우수상수는 인력(잡아당기는 힘)으로 작용한다. 드 지터가 제안한 우주모형에서 우주상수는 양수였다. 인플레이션 모델도 양의 우주상수를 갖는다. 반대로 음의 우주상수를 갖는 반 드 지터 우주모형이라는 것도 존재한다.

0이 아닌 우주상수의 존재는, 앞에서 살펴본 세 가지 우주의 기하학에도 영향을 미친다. 열린 우주(말안장 우주)라고 하더라도 우주상수가 큰 음의 수를 가질 경우에는 다시 붕괴하는 운명에 처할 수 있다. 반대로 구형의 닫힌 우주가 큰 양의 우주상수를 가짐으로써 영원히 확장하게 될 수도 있다. 심지어 우주상수가 정확히 들어맞는다면 아인슈타인이 처음에 제안했듯이 우주가 정지해 있는 것도 가능하다. 예를 들어, 우주상수를 사용하는 드 지터 우주모형은 닫힌 우주와 열린 우주, 평평한 우주를 모두 수용하며 영원히 팽창한다. 비록 드 지터 우주모형을 인플레이션에 적용하면 공간적으로 평평한 우주만 가능하지만 말이다. 반면 드 지터 우주모형에서는 오직 음의 곡률을 가지는 열린 우주만 가능하다. 이 시점에서 자연스럽게 뒤따르는 의문이 있는데, 바로 우주상수가 0이 아니라는 관측증거는 무엇이냐는 것이다. 시공이 고유의 에너지를 가지고 있다는 그럴듯한 설명을 제외하면 말이다. 그 증거는 WMAP의 관측이 있기 거의 십여 년 전에 나타났다.

버클리 대학의 초신성 우주론 프로젝트팀(Supernova Cosmology Project)과 스트롬로 사이딩 스프링 천문대의 초신성 연구팀은 각각 초신성 Ia를 관측하여 우주가 팽창하고 있다는 것을 밝혀냈다. 이들은 멀리 떨어진 초신성 Ia의 밝기를 관측하여 우주의 팽창 속도를 측정했다. 초신성 중에 Ia 타입의 초신성은 백색왜성(white dwarfs)이 격렬하게 폭발하면서 엄청난 에너지를 방출하여 밝기가 은하와 비교할 정도로 밝은 빛을 내는 현상을 말한다. 또한 백색왜성은 크기가 지구만 한 별의 시체로 질량은 대략 태양과 비슷하다. 밝은 빛 때문에 먼 은하에서도 초신성 폭발이 관측된다. 보통 초신성 Ia의 밝기는 일정한 성질을 갖기 때문에, 관측된 겉보기 밝기를 이용하여 은하까지의 거리를 계산할 수 있다. 따라서 관측된 초신성 Ia의 밝기가 어두울수록, 그 초신성이 속한 외부은하는 더 멀리 존재함을 알 수 있다. 두 연구팀은 초신성을 통해 더 먼 우주까지도 관찰할 수 있었고, 예상외의 결과를 발견했다. 우주의 팽창 속도가 시간의 경과에 따라 느려지지 않았고, 지난 4~6억년 동안 오히려 가속화되고 있었던 것이다. 이러한 가속은 아마도 우주상수 때문이거나, 어떤 알려지지 않은 새로운 입자(제5의 원소) 때문일지도 모른다. 하지만 이를 밝혀내기 위해서는 아직 더 많은 관측과 이론적인 돌파구가 필요하다.

열역학의 법칙과 블랙홀

4장과 5장에서 블랙홀의 역학과 관련하여 열역학의 법칙이 거론되었다. 열역학의 법칙에는 모두 네 가지가 있다. 먼저 열역학 제0법칙에 따르면 물체 A와 B가 각각 다른 물체 C와 열평형을 이루었다면 A와 B도 열평형을 이룬다. 예를 들어 콜라캔과 얼음, 그리고 이들을 담고 있는 아이스박스의 벽이 계속 같은 온도를 유지한다면 이들은 열평형 상태에 있는 것이다. 또한 이들 사이에는 어떠한 열의 이동도 없다. 열역학 제0법칙을 블랙홀 이론에 적용하면 사건의 지평선의 표면중력을 온도로 볼 수 있다. 따라서 블랙홀의 열역학 제0법칙은 '표면중력은 사건의 지평선 전체에서 일정하다' 가 될 수 있다.

열역학 제1법칙은 에너지 보존의 법칙이다. 어떤 계(system: '계' 라는 것은 하나의 물체도 될 수 있고 천체도 될 수 있다. —옮긴이)의 내부 에너지의 변화는 그 계가 흡수한 열에서 그 계가 한 일을 뺀 것이다. 이

때 에너지는 한 형태에서 다른 형태로 전환될 수 있다. 예를 들면, 차의 브레이크를 밟았을 때 발생하는 마찰이 열로 전환되는 것과 같다. 하지만 에너지의 형태는 변할지라도 에너지 자체는 궁극적으로 보존된다. 이 법칙을 블랙홀에 적용하면 '블랙홀 질량의 변화는 사건의 지평선 면적의 변화와 관련이 있다' 가 된다.

열역학 제2법칙의 경우 다양한 정의가 있지만 그중에서 가장 적합한 설명은 열은 뜨거운 물체에서 차가운 물체로 이동한다는 것이다. 프라이팬 바닥으로 가해진 열이 자연스럽게 위에 있는 차가운 음식으로 이동해 음식이 익는 것처럼 말이다. 하지만 그 반대는 성립하지 않는다. 열은 차가운 물체에서 뜨거운 물체로 이동하지는 않는 것이다. 열역학 제2법칙의 또 다른 정의는 '닫힌계에서 총 엔트로피(무질서도)는 항상 증가하거나 일정하며 절대로 감소하지 않는다' 는 것이다. 이때 우리가 정의하는 우주는 닫힌계이기 때문에, 우주의 엔트로피 역시 우주가 진화하면서 증가한다. 따라서 블랙홀의 열역학 제2법칙은 '사건의 지평선 면적은 항상 증가한다' 가 된다. 또한 만약 두 개의 블랙홀이 합체한다면 새 블랙홀의 총 표면적은 두 블랙홀의 표면적을 합한 것보다 더 크다.

열역학 제3법칙은 절대온도와 엔트로피의 관계를 나타내는 것이다. 이때 절대온도는 자연에서 가능한 가장 낮은 온도인 −273℃이다. 열역학 제3법칙은 두 가지로 구분할 수 있는 데, 첫 번째는 W. H. 네른스트[W.H.Nernst]에 의한 정리로 '어떤 계의 온도를 유한한 수의 단계를 거처 절대온도로 낮추는 것은 불가능하다'는 것이다. 이것을 블랙홀의 열역학 제3법칙으로 적용해보면 '유한한 수의 단계를 거쳐 블랙홀의 표면중력을 0으로까지 감소시키는 것은 불가능하다'가 된다. 두 번째는 막스 플랑크$^{Max\ Planck}$의 정리로, 어떤 계의 온도가 절대온도에 가까이 갈수록 계의 엔트로피 역시 0이 된다는 것이다. 플랑크의 정리를 블랙홀의 열역학 제3법칙으로 적용했을 경우 블랙홀의 엔트로피가 0에 도달하는 것을 막을 수 없다. 하지만 블랙홀의 엔트로피가 이미 0에 도달했다면(이 경우 블랙홀의 표면적도 0이 된다), 그것은 분명 노출 특이점을 발생시켰을 것이다.

인플레이션 우주론

인플레이션 우주론에 대한 가장 흔한 오해는 인플레이션이 빅뱅을 대체하는 이론이라는 것이다. 하지만 실제로 인플레이션이론은 과거 빅뱅 모형이 가지고 있던 여러 문제점과 성가신 의문들을 해결하는 방향으로 수정 발전시킨 것이다. 물론 빅뱅 과정에서 인플레이션(급격한 팽창)이 차지하는 시간은 1초도 되지 않는 짧은 시간이지만, 그 영향은 우주의 전 역사에서 찾아볼 수 있다. '인플레이션의 아버지' 로 불리는 앨런 구스$^{Alan\ Guth}$는 이렇게 설명한다. "인플레이션 덕분에 표준빅뱅이론이 계속될 수 있었다."

인플레이션을 통해 해결하려고 했던 빅뱅이론의 문제점들은 다양하지만, 여기서는 네 가지 핵심적인 문제들만을 논의할 것이다.

1) 자기홀극 문제(magnetic monopole problem)

2) 매끈함 문제(smoothness problem)

3) 평평함 문제(flatness problem)

4) 밀도요동 문제(density perturbation problem)

1) 대통일이론에 따르면, 자기극이 N극 또는 S극 하나뿐이며 무거운 입자인 자기홀극이 존재한다고 한다. 문제는 이 이론에서 자기홀극의 수가 매우 많을 거라고 예측한다는 것이다. 그 질량을 따져보면 우리가 우주에서 관찰할 수 있는 물질보다 몇 조 배나 많다! 이론상으로 자기홀극의 막대한 질량은 우주의 밀도를 증가시킨다. 따라서 우리 우주는 유클리드적으로 닫힌 우주가 될 것이다. 이 이론대로라면 우주의 나이가 현재의 추정대로 130~140억이 될 수 없다. 이론과 관측 사이에 심각한 불일치가 나타나는 것이다.

2) 우주의 나이가 135억 년이라면 우리는 밤하늘을 올려다 볼 때 어떤 방향에서든 135억 광년의 거리까지만 관찰할 수 있다. 빛이 1년 동안 이동하는 거리가 1광년이기 때문이다. 그렇다면 밤하늘의 한 쪽 끝과 다른 쪽 끝에 있는 별을 관찰한다고 가정해보자. 이때 두 별 사이를 연결한 지평선의 거리가 270억 광년 떨어져 있다고 하자. 신기하게도 실제로 이러한 별들을 관찰했을 때 이들 별 주위의 우주배경복사 온도는 십만 분의 일 정도 오차를 보일 정도로 동일하다. 또한 이들 별 주위의 우주 공간 팽창 속도 역시 일치한다. 우주의 나이가 140억 년을 넘지 않았

고, 빛이 1년에 1광년의 거리만 이동할 수 있다는 것을 생각해 봤을 때, 270억 광년이나 떨어져 있는 두 우주 공간의 동일함을 설명할 수 있는 방법은 없다. 이것이 바로 매끈함 문제(또는 지평선 문제)이다.

3) 부록A에서 설명한 프리드만–로버트슨–워커 모델은 전체 우주의 세 가지 가능한 기하학을 제시한다. 바로 열린 우주, 닫힌 우주, 평평한 우주이다. 우주의 실제 기하학은 우주에 존재하는 물질과 에너지의 밀도와 임계 밀도 간의 관계(Ω)로 결정된다. 만약 '$\Omega > 1$'라면 우주의 밀도는 너무 높기 때문에 중력적으로 수축하여 결국 붕괴할 것이다. 반대로 '$\Omega < 1$'이면 닫힌 우주가 되기에는 밀도가 부족하므로 영원히 팽창할 것이다. '$\Omega = 1$'이라면 우주는 유지되겠지만, 이것은 확률적으로 거의 불가능한 일이다. 그래서 평평한 우주는 연필 끝으로 연필을 세우는 것에 자주 비유되곤 한다. 아주 약간의 변화만으로 Ω의 값은 달라진다. 실제로 연필 끝으로 연필을 세워보면 알겠지만 이것은 매우 어려울 뿐더러 연필을 세운다고 해도 오래 서 있기는 힘들다. 마찬가지로 Ω가 오늘날 우리가 관측한 것과 일치하기 위해서는 빅뱅 초기의 Ω값이 거의 정확히 1에 가까워야만 했을 것이다. 이런 이유로 과학자들은 Ω값이 1이 되도록 만든 어떤 힘이 존재했는지에 대해 의문을 가지게 된 것이다.

4) 앞에서 설명했듯이 우주배경복사가 놀라울 정도로 매끈하기는

하지만 100% 매끈하지는 않다. 만약 그랬다면 오늘날 우리는 존재하지 않을 것이다. 오늘날 관측되는 우주배경복사 온도의 미세한 편차는 초기 우주에서 물질들이 매끄럽게 분포되지 않았다는 사실을 반영한다. 그 덕분에 우주에는 은하와 은하단, 초은하단 같은 물질이 응집해있는 천체가 존재하는 것이다. 초기 우주에서 이러한 거대한 천체들의 씨앗이 되는 것은 바로 물질의 밀도가 미세하게 변동하는 밀도요동이다. 하지만 최초의 빅뱅모형은 이러한 밀도요동에 대해 언급하지 않았다.

대칭 파괴와 힉스 입자

인플레이션은 장(field)의 개념을 바탕에 두고 있다. 장은 시공의 영역에서 정의되는 어떤 물리학적 양(量)이다. 가장 잘 알려진 장의 예로는 전기장과 자기장(때로는 전자기장이라는 포괄적인 이름으로도 불린다), 그리고 중력장이 있다. 장은 눈으로 볼 수 없지만 물질에 영향을 미치기 때문에 측정 가능하고 연구될 수 있다. 예를 들어 전자처럼 전기를 띤 입자는 자기장 안에서 특별한 방식으로 움직인다. 그리고 장의 상호작용(장간의 상호작용, 물질과 장의 상호작용)은 아인슈타인의 일반상대성이론 장방정식 같은 장방정식의 통제를 받는다. 양자역학에 따르면 모든 장은 입자로 설명할 수 있고, 그 반대도 마찬가지다. 이것이 소위 말하는 파동/입자 이중성(wave/particle duality)이다. 이는 전자기장이 빛을 입자로 다루는 광자와 관련이 있다는 사실에서도 알 수 있다.

　이러한 장들 중에서 가장 단순한 장은 스칼라장(scalar field)이다. 스칼라장에서는 장의 어떤 한 지점의 값만이 측정되며, 방향은 포함되지 않는다. 온도나 기압의 분포를 나타내는 날씨지도가 바로 스칼라장이다. 풍속은 나타내지만 풍향은 나타내지 않는 날씨지도도 마찬가지다. 스칼라장을 입자로 표현하면 스핀이 0인 입자이다. 스핀이 0인 입자의 가장 잘 알려진 예는 1964년에 피터 힉스[Peter Higgs]가 제안한 힉스 입자(Higgs particle)이다. 그는 전자와 같은 입자가 어떻게 질량을 가지는지를 설명하기 위해 힉스 입자를 제안했다. 물리학에서는 힉스 입자를 통해 '깨진 대칭(broken symmetry)' 이라는 현상을 설명한다. 이것을 쉽게 이해하기 위해 둥근 연회식탁을 예로 들 수 있다. 이 연회식탁에 8명의 손님들이 앉는다고 가정해보자. 그리고 각각의 자리에는 물잔과 접시들이 순서대로 빙 둘러져 완벽한 대칭을 이루고 있다. 이 때문에 자리에 앉은 손님은 자신의 물 잔이 오른쪽에 있는 것인지 왼쪽에 있는 것인지 헷갈릴 것이다. 하지만 어색한 몇 초가 흐른 후에 한 대범한 사람이 오른손을 뻗어 잔을 잡는다. 이때 식탁 전체의 대칭이 깨지면서 다른 사람들도 오른쪽에 있는 잔을 잡을 것이다. 양자장이론에서 이러한 대칭상태는 마치 대칭이 깨지기만을 기다리는 것처럼 불안정하다. 이때 처음으로 물 잔에 손을 뻗은 사람처럼 대칭을 깨는 역할을 하는 것이 바로 힉스 입자다.

대통일이론에는 여러 종류의 힉스장이 존재하는데, 모든 힉스장의 값이 0일 때 해당 모형의 대칭이 보존된다. 이들 중에 하나라도 0이 아닌 다른 값을 갖게 되면 즉시 대칭이 깨지는 것이다. 일단 두 개의 힉스장이 있는 가장 간단한 모형을 살펴보자. 두 개의 힉스장은 체스판처럼 2차원 그림으로 나타낼 수 있다. 이 체스판의 중심은 두 힉스장의 값이 0이라는 것을 나타낸다. 우리는 여기에 시공간의 에너지 밀도를 나타내는 3차원(높이)을 추가할 수 있다. 이때 가능한 가장 낮은 에너지 밀도의 값을 '진짜 진공' 이라고 부른다. 만약 진짜 진공이 존재한다면 이에 대응하는 '가짜 진공' 도 있기 마련이다. 이제 모자 가운데가 움푹 들어간 멕시칸 모자를 머릿속에 그려보기 바란다. 우리가 모자의 한 가운데를 바라본다면, 그 움푹 들어간 곳의 바닥이 모자의 가장 낮은 지점처럼 보일 것이다. 하지만 더 넓은 시야에서 보면 이것은 사실 모자의 가장 낮은 지점이 아니라는 것을 알게 된다. 모자 가장자리의 둥근 홈이 가장 낮은 지점인 것이다. 그럼 이때 모자 꼭대기의 움푹 들어간 부분은 가짜 진공이 된다. 이제 모든 힉스장의 값이 0일 때, 가운데 움푹 들어간 곳이 대칭상태라는 것을 기억하기 바란다. 반대로 힉스장의 값이 0이 아닐 때는 모자의 가장자리가 대칭이 깨진 상태라는 것도 기억하기 바란다. 모자의 표면은 에너지 밀도와 힉스장 사이의 상관관계를 나타낸 것이다.

이제 모자 위로 작은 공을 굴린다고 생각해보자. 위에서 아래로 공이 굴러가는 것은, 대칭성이 보존되는 상태에서 파괴되는 상태로 변하는 상전이를 의미한다. 물론 운 좋게도 공이 모자 꼭대기(가짜 진공)에 들러붙어 대칭성이 유지될 수도 있다. 그러나 대칭상태는 마치 깨지기만을 기다리는 것처럼 불안정하다는 사실을 다시 상기해보자. 즉, 가짜 진공의 대칭상태를 유지하기 위해서는 대가가 필요한 것이다. 만약 공이 빅뱅의 거품이라면 그것은 과냉각 상태(0℃ 아래에서 비가 땅에 닿아 얼어붙기 전까지 액체 상태를 유지하는 것 같은)에 있을 것이다. 가짜 진공에 묶여 있는 동안 기포는 반발력의 영향력 아래에 있게 될 것이고, 눈 깜짝할 사이에 10^{25}배나 더 커지면서 기하급수적으로 팽창할 것이다. 이렇게 기하급수적으로 팽창하는 우주는 부록A에서 언급한 것처럼 드 지터의 우주모형으로 설명할 수 있다. 시공간이 너무나 급속하게 팽창하기 때문에 물질의 밀도는 거의 0으로 감소한다. 따라서 물질이 존재하지 않는다는 가정으로 만들어진 드 지터의 우주모형으로 잘 설명되는 것이다.

과거의 인플레이션 VS 새로운 인플레이션

구스의 초기 인플레이션 모델에 따르면 거품들은 '움푹 들어간 곳'에서 언덕을 기어올라가는 방법으로는 가짜 진공을 빠져나올 수 없다. 거품에는 그만한 일을 할 만한 충분한 에너지가 없기 때문이다. 대신에 거품들은 언덕에 터널을 뚫고 나온다. 이것은 전통적인 물리학에

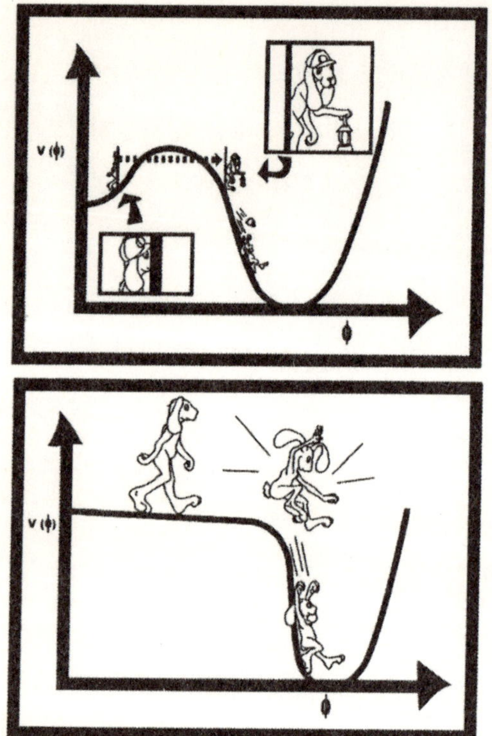

과거 인플레이션 모형에서 거품이 가짜 진공을 빠져나오는 법(위), 새로운 인플레이션 모형에서 거품이 가짜 진공을 빠져나오는 법(아래)

의하면 불가능한 일이지만 양자역학의 이상한 세계에서는 충분히 가능한 일이다. 이 같은 양자투과는 전자공학 분야에서 터널 다이오드와 주사터널링현미경(STM)같은 기술 발전의 근간이 되었다.

이러한 소위 과거의 인플레이션 모형에서 우주는 한 번에 하나씩 거품을 투과한다. 이 거품들은 대칭이 깨진 상태로 반대편에서 충돌하여 재결합한다. 하지만 호킹과 다른 과학자들이 보여주었듯이 밀도요동은 현재의 우주를 탄생시키기에는 너무나 크다. 따라서 과거의 인플레이션 모형은 '우아한 퇴장(graceful exit)'이라는 문제를 안고 있었다. 다시 말해서 인플레이션 시기를 끝낼 수 있는 확실한 이론적 장치가 없다는 것이다.

알브레히트[Albrecht]와 슈타인하르츠[Steinhardt], 그리고 린데[Andrei Linde]는 재결합하는 거품을 가지지 않는 새로운 인플레이션 모형을 제안하면서 이 문제를 피해갔다. 이들의 모형에 따르면 우리 눈에 보이는 우주 전체는 가짜 진공의 거품 단 한 개로부터 탄생했다고 한다. 이 거품이 가짜 진공 상태를 벗어나는 방법 또한 과거의 이론과 달랐다. 새 인플레이션 모형에서는 멕시칸 모자에서처럼 모자 가운데가 움푹 들어가 있지 않고 평평하다. 따라서 투과해야 하는 에너지 장벽이 존재하지 않는다. 이때 공이 굴러가도록 만드는 것은 양자요동(quantum fluctuation)이다. 양자요동을 통해 거품이 천천히 가짜 진공의 고원에서 벗어난다. 공이 굴러가면서 팽창하게 되는데, 언덕의 바닥(멕시코 모자의 가장자리)에 도달하면 공은 앞뒤로 왕복할 것이다. 그리고 이런 왕복을 통해 빅뱅 모형에서 예측하는 수준으로 과냉각된 우주를 다시 가열할 것이다. 이때 에너지의 일부가 입자로 전환되면서 텅 빈 우주를 다시 물질로 채우게 된다.

처음에 말했듯이 인플레이션은 원래 빅뱅 모형의 문제점을 해결하기 위해 제안된 것이다. 그렇다면 그러한 문제점들을 성공적으로 해결할 수 있었을까? 자기홀극 문제에 대한 설명은 이렇다. 인플레이션

이 끝나갈 무렵 우주의 부피가 엄청나게 증가하면서 이미 생성된 입자들은 우주의 밀도가 0에 가까워지도록 희석된다. 이 때문에 우리가 아직까지 자기홀극을 발견할 수 없는 것이다. 게다가 가장 가까이에 있는 자기홀극조차도 지금은 몇 광년이나 떨어져 있을 수 있는 것이다.

매끈함 문제 역시 거의 같은 방식으로 해결된다. 인플레이션 이전의 우주에서 어떤 형태의 불균등성이 존재했더라도 이 역시 기하급수적인 팽창과 더불어 사라지고 말 것이다. 마치 주름진 천을 잡아당기면 주름이 사라지는 것과 비슷하다. 평평함 문제의 해법 역시 마찬가지다. 초기 빅뱅에 의해 시공이 얼마나 휘어지든 간에 평평해 보일 것이다. 우리가 지표면이 평평하다고 느끼는 것처럼 구가 충분히 커지면 구의 표면은 평평해 보이기 때문이다.

밀도요동 문제는 가장 해결하기 복잡한 문제이다. 게다가 우주배경복사를 더욱 정확히 관측할 때까지의 임시적인 해법일 뿐이라고 말할 수도 있다. 1982년 너필드 워크숍의 참석자들은, 양자요동이 거품이 고원을 따라 굴러가는 것에 영향을 미친다는 것을 깨달았다. 또한 거품이 굴러가는 과정에서 요동이 항상 일정하지 않다는 것도 깨달았다. 이를 앨런 구스가 다음과 같이 요약했다. "거품이 불균일하게 굴러가는 것은 우주의 밀도요동에 영향을 미친다. 이것이 우주가 현재의 구조를 가지게 된 최초의 씨앗이었을지도 모른다."

지난 20여 년 동안 학계에는 수많은 인플레이션 모형이 등장했다. 어떤 모형은 우리 우주가 평범한 4차원으로 존재한다고 주장하고, 또 어떤 모형은 더 높은 차원으로 존재한다고 주장한다. 이들 중 여러 개는 호킹과 그의 공동 연구자들이 제안한 것이다. 인플레이션을 설명하는 장이 그렇듯이, 에너지 굴곡(모자)의 형태도 모형별로 매우 다양하다. 더 이상 힉스 입자만이 유일한 설명이 아닌 것이다. 각 모형들은 나름의 방법으로 인플레이션의 문제점을 해결하려고 한다. 그 문제점이란 바로 '인플레이션이 어떻게 시작했으며, 어떻게 끝나는지, 그리고 인플레이션의 원동력이 되는 장이나 힘이 무엇인지' 등을 말한다. 그중에서도 밀도요동 문제는 계속해서 중요한 쟁점으로 남아있을 것이다. 어떠한 모형이든지간에 패턴과 크기 면에서 현재 우리가 관측하는 것과 일치하는 섭동을 만들기 위해서는 매우 정교한 조정이 필요하기 때문이다. 우주배경복사 관측의 정확도가 점점 향상되면서 중도에 버려지는 모형들도 있다. 어떤 모형들이 계속해서 달리는 동안 어떤 모형들은 중도 포기한 것이다. WMAP의 정교한 관측에 의해 인플레이션의 기본 전제가 옳다는 것이 확인되었으며, 급팽창의 정도를 정량적으로 분석하기 시작했다. 인플레이션 개념에 의해 빅뱅이론은 이미 기정사실화된 것으로 보인다. 하지만 여전히 미래의 과학자들은 빅뱅이라는 큰 퍼즐 속에 빠진 조각들을 채워야 넣어하는 과제를 안고 있다.

■ **지은이 크리스틴 라센** Kristine Larsen

1980년대 중반에 대학원에서 일반상대성이론을 연구하며 스티븐 호킹 박사의 강연을 자주 접했다. 그와의 만남이 잦아지면서 호킹 박사의 과학자로서 업적뿐만 아니라 경이로운 삶에도 관심을 갖게 되었고, '왜 그의 삶을 제대로 조명한 책은 없을까?'라는 의구심에 이 책을 집필하기 시작했다. 현재 센트럴 코네티컷 주립대학에서 천체물리학 교수로 재직 중이다. 저서로는 우주론을 다룬 책《Cosmology 101》이 있고, 천문학 관련 잡지에 꾸준히 다양한 글을 기고하고 있다.

■ **옮긴이 윤혜영**

이화여대에서 광고와 미술사를 전공했다. 현재 프리랜서 번역가로 활동 중이다. 번역서로 《꿈을 이룬 사람들의 뇌》《두 번째 총성》《코끼리 옮기기》 등이 있다.

■ **감수자 박기훈**

1999년 연세대학교 천문우주학과를 졸업하고, 동 대학원에서 이학석사와 박사를 취득하였다. 현재는 연세대학교 천문대 연구교수로 재직 중이다. 연세대, 서울교대에서 천문학 강의를 맡고 있으며, 주 연구 분야는 우주론 및 천체물리학, 항성천문학 분야이다.

스티븐 호킹

2010년 4월 26일 초판 1쇄 인쇄
2010년 5월 4일 초판 1쇄 발행

지은이	크리스틴 라센
옮긴이	윤혜영
펴낸이	이상규
편집인	김훈태
책임편집	박지예
마케팅	정종천
관리	김순호
펴낸곳	이상미디어
등록번호	209-90-85645
등록일자	2008.09.30
주소	서울시 성북구 정릉동 667-1 4층
대표전화	02-913-8888
팩스	02-913-7711
E-mail	leesangbooks@gmail.com
ISBN	978-89-94478-01-2